LES SACCAGEURS DE L'ESPACE

DU MÊME AUTEUR

Ça alors ! Histoire de ces découvertes que l'on n'attendait pas,
La Librairie Vuibert, 2018.
Qu'en dit la science ? Vaccins, 5G, PMA,
numérique, génome… pour y voir enfin clair !,
Buchet-Chastel, 2021.

À toutes celles et à tous ceux
qui n'auront jamais les moyens
de s'offrir un voyage dans l'espace

« Mais quand je ne travaillais pas,
j'étais généralement à une fenêtre
en train de regarder la Terre
tout en bas »

SALLY RIDE

Introduction

24 décembre 2021, je passe les fêtes de fin d'année dans la chaleur et l'humidité tropicales de la Guyane. Les équipes du centre spatial de Kourou s'apprêtent à réaliser l'un des plus gros exploits de leur carrière : catapulter à un million et demi de kilomètres de la Terre le télescope spatial le plus ambitieux, le plus puissant et le plus coûteux jamais conçu. Le télescope James Webb, nommé ainsi en hommage à l'un des pères du programme Apollo, promet ni plus ni moins de révolutionner notre vision et notre compréhension du cosmos – promesse relevée haut la main depuis.

À l'heure où la France métropolitaine réveillonne dans le froid de l'hiver, les averses tropicales balayent la base de Kourou. Nous nous sommes réunis avec les autres responsables de la retransmission télévisuelle de l'évènement sous un ciel menaçant aux alentours de 16 heures pour partager un semblant de repas de Noël, mélange de rougail saucisse et de bananes flambées accompagnés de cocktails caïpirinha aux fruits de la passion – un cocktail qui restera pour moi la véritable révélation de ce voyage. Il y a autour de la table des membres des agences spatiales américaine, la NASA, et européenne, l'ESA, toutes deux chargées, avec leur semblable canadienne, de construire et d'opérer le télescope. Mes collègues d'Arianespace à qui incombent le déploiement du télescope dans l'espace ferment ce cercle un peu spécial.

Intervenant régulièrement lors des retransmissions des lancements de fusée, j'aurai à expliquer pourquoi Ariane 5 et le site de Kourou sont parfaitement adaptés à cette mission. Tel un commentateur du tour de France, je dois également rendre compte en temps réel de la bonne exécution de la mise en orbite. À mes côtés, Luce Fabreguettes, ancienne d'Arianespace désormais à l'ESA. Rob Navias, commentateur historique de la NASA surnommé « la voix du centre de contrôle », est une sorte de papy grognon derrière lequel on décèle rapidement un regard malicieux et un humour pince-sans-rire. À l'autre bout de la tablée, Katy Haswell n'en est pas à son premier lancement. Voilà plus de vingt ans que cette journaliste anglophone, passée par CNN, la BBC, ITV ou Discovery Channel, commente ces évènements pour le compte d'Arianespace. Enfin, mes collègues et amies Elodie Granell, infatigable chargée de communication évènementielle et éditoriale, dont l'énergie de bulldozer aura subjugué jusque dans les rangs de la NASA, et Cyrielle Bouju, responsable des relations presse, qui, ce soir-là, a certainement explosé son record de consommation de Redbull afin de pouvoir répondre aux sollicitations des nombreux journalistes présents sur place. Sur fond d'épidémie de Covid-19, susceptible d'entraver à tout moment la retransmission du lancement, nous nous sommes séparés tôt dans la soirée. Étrangement, la fatigue m'emporte dès 22 heures, et je dors d'un sommeil de plomb jusqu'au déclenchement du réveil à 5 heures du matin.

Il existe une superstition dans le domaine du spatial, selon laquelle une préparation de lancement particulièrement difficile conduit généralement à un tir sans encombre. Entre le Covid-19, la météo capricieuse et les multiples précautions à prendre lorsqu'on s'apprête à lancer dans l'espace un télescope qui aura coûté 10 milliards de dollars et nécessité vingt ans de développement, il est peu dire que la préparation de ce lancement a été particulièrement mouvementée.

À 15 minutes du décollage, l'ambiance est électrique, la tension sauterait au visage du premier profane. Installé dans le « Fish Bowl », la salle de contrôle où des poissons très particuliers vont suivre de près toutes les étapes du vol, j'écoute Bruno Gérard, directeur d'Arianespace en Guyane, m'expliquer les nombreuses spécificités de ce lancement, sans doute pour occuper son esprit dans ces dernières minutes interminables. Un peu plus loin, Stéphane Israël, le PDG d'Arianespace, qui a cette étrange capacité à faire baisser la température du sang qui coule dans ses veines dans les situations de stress les plus extrêmes. Il ne peut s'empêcher de laisser échapper un « Quelle tension ! », nous apprenant par la même occasion que l'évènement est retransmis sur la plupart des chaînes d'information en continu. Quant à moi, je n'en reviens tout simplement pas d'être là. En 2006, alors que j'effectuais mon premier stage de journalisme scientifique au magazine de l'astronomie *Ciel & Espace*, ma toute première brève portait sur le télescope spatial James Webb, déjà considéré comme le projet phare de l'époque. J'étais alors très loin d'imaginer que, quinze ans et quelques dépassements de planning et de budget plus tard, je me retrouverais à commenter devant une caméra les dernières étapes qui doivent nous mener au compte à rebours final.

« À tous de DDO, attention avant le décompte final. 10, 9, 8, 7, 6, 5, 4... 3... 2... 1... Unité. Top. Allumage Vulcain. Allumage des EAP. Décollage ! » La voix du directeur des opérations s'éteint. L'immense fusée Ariane 5 s'arrache de l'attraction terrestre et s'élance dans le ciel. Il est difficile de décrire le décalage presque irréel entre le silence extrême qui règne à cet instant dans la salle de contrôle et les images que nous voyons s'afficher sur les écrans. Il y a quelque chose de contre-intuitif à voir une immense carcasse de 771 tonnes s'envoler soudain dans un immense panache de fumée, comme si un éléphant se mettait à déployer des ailes en virevoltant au-dessus d'une piste de danse, le tout dans un silence de plomb. Il faudra plus de 30 secondes pour que le grondement des moteurs parcoure les 11 kilomètres nous séparant du pas de tir et atteigne nos oreilles. Une demi-minute pour que le sol tremble et que notre cerveau raccroche enfin les wagons : le télescope James Webb est en route vers le vide spatial.

À partir de là, tout va très vite. Deux minutes vingt et une secondes après le décollage, Ariane 5 a déjà atteint 72 kilomètres d'altitude et une vitesse de 2 kilomètres par seconde. Les deux immenses boosters latéraux ont fini de fournir 90 % de la poussée totale nécessaire au lancement et se détachent. Une minute plus tard, c'est au tour de la coiffe de se séparer du lanceur une fois dépassées les limites de l'atmosphère, laissant apparaître grâce à des caméras embarquées le télescope James Webb, dont certaines parties en feuilles d'aluminium semblent flotter dans le vent. Pure illusion, bien évidemment, puisque le « vent » n'existe pas dans le vide spatial : en réalité, ce sont les moteurs de la fusée qui font vibrer le télescope. Puis l'étage principal se détache, ce gros cylindre rempli d'oxygène et d'hydrogène liquides qui a amené la fusée et son passager à 230 kilomètres d'altitude à une vitesse de plus de 7 kilomètres par seconde. Dix minutes seulement se sont écoulées, et la masse d'Ariane 5 a été divisée par trente ! Le troisième et dernier étage de la fusée allume alors ses moteurs pendant 16 minutes afin de placer le télescope sur son orbite de libération. Enfin, au terme d'ultimes manœuvres – que certains appellent non sans une pointe de poésie le « ballet spatial » –, 27 minutes et 7 secondes exactement après avoir quitté le plancher des vaches, James Webb est largué dans l'espace à une vitesse vertigineuse de près de 10 kilomètres par seconde, soit 36 000 kilomètres par heure. Les images feront le tour du monde.

Ce n'est pas tous les jours que l'on assiste à une naissance dans l'espace. Cette expression n'est ni exagérée, ni galvaudée. Après des années de gestation dans les salles blanches, confiné derrière des sas sanitaires, préparé, assemblé, testé, le télescope James Webb est enfin lâché dans le monde réel – le sien, celui du cosmos et de son infinité – pour tracer son propre chemin et accomplir son destin. Les rayons du soleil font briller les parois réfléchissantes du télescope, qui ressemble à un cube vulnérable, inoffensif, exposé aux conditions extrêmes du vide spatial, tandis qu'il s'éloigne de la fusée, la courbure terrestre apparaissant dans le fond de l'image. Tout à coup, la naissance prend forme – visuellement cette fois-ci – au moment du déploiement du premier panneau solaire, puis du second quelques secondes après. Suivront le dépliage des parties du miroir central, le miroir secondaire, la grande bâche qui lui sert de pare-soleil, ses antennes, etc. Recroquevillé sous la coiffe d'Ariane 5, le télescope ressemblait à un pavé de 5 mètres de base et 6,5 mètres de hauteur. Déployé, il se transforme en un monstre long de 22 mètres et large de 10, soit quasiment la taille d'un court de tennis !

Voici la « dernière vue que l'humanité a à cet instant » de James Webb, lance Rob Navias depuis sa cabine. Le commentateur de la NASA tente de me passer une dernière fois la parole pour que je décrive l'ambiance dans le « Fish Bowl ». Mais les cris de joie et les applaudissements qui éclatent dans la salle de contrôle sont si bruyants que je n'entends plus rien dans mon oreillette. Rob aura la bonne idée de tenter à nouveau de m'interpeller quelques minutes plus tard, me laissant l'occasion d'exprimer avec les mots me venant à cet instant : « Ça y est ! Nous avons la confirmation qu'Ariane 5 a livré Webb en toute sécurité dans l'espace ! [...] Ces images sont absolument incroyables. [...] Il est très difficile de décrire l'émotion qui règne ici dans la salle de contrôle. Tout ce que je peux dire, c'est "Bonne chance Webb, rapporte-nous des données incroyables de l'Univers profond." » Un peu plus loin, j'aperçois Cyrielle évacuer des mois de course de fond à travers un flot de larmes ponctuellement interrompu par des rires de nervosité. Beatriz Romero, la cheffe de projet d'Arianespace qui a suivi la campagne depuis ses débuts, a également les yeux humides lorsqu'elle fait le tour de la salle pour féliciter un à un les acteurs de ce programme immense. Stéphane Israël est déjà remonté dans la salle où l'attendent les journalistes pour une déclaration officielle. Mais j'ai pu voir son visage juste avant son départ. Le visage d'un patron qui laisse transparaître dans ces rares moments des émotions qui nous font penser que nous ne travaillons pas dans une industrie comme les autres. Puis viennent la fête, les au revoir, le retour en métropole et les repas de famille, accompagnés de cette certitude que l'on a vécu quelque chose d'inédit, de bien plus grand que soi, entouré de collègues plus brillants les uns que les autres, passionnés, particulièrement dévoués, sans en oublier d'être bienveillants et, pour beaucoup, sympathiques. En somme, un moment dont on se souviendra toute sa vie.

Moins d'un an après le lancement, un commentaire un peu particulier m'est directement adressé sur Facebook.

Il fait suite à ma publication de photos prises lors de l'International Astronautical Congress en septembre 2022, un salon consacré à l'espace où les agences publiques sont particulièrement bien représentées. Les premières images du télescope James Webb sont d'ailleurs mises à l'honneur lors de cet événement. Voici ce commentaire : « Technologie zombie. Toi qui aimes tant la science, n'es-tu pas face à un dilemme entre passion et raison [devant] ce type de rassemblement à la gloire de futurs obsolètes ? » Au-delà de la surprise qu'elle a générée, cette accusation m'a d'abord semblé en décalage total avec l'exaltation qui entoure nos activités spatiales. Je n'ai pas l'habitude qu'on m'attaque sur cet aspect-là de mon travail, surtout en réaction à des clichés de capsules habitées, de sondes d'exploration, d'images époustouflantes de l'Univers profond. Lorsque j'annonce autour de moi que je passe mes journées à réfléchir à la façon dont on déploie des satellites dans l'espace, ce sont plutôt des regards intéressés, parfois des marques d'admiration, que je perçois chez mes interlocuteurs. Plutôt que de me cacher, je cède à la fierté de partager la passion, le plaisir qui m'animent au quotidien, conscient d'avoir la chance de mener à certains égards une activité hors du commun.

Pour moi, faire décoller des fusées, c'était permettre à l'humanité de sonder les secrets de l'Univers, aider à comprendre qui nous sommes et d'où nous venons. C'était visiter le système solaire. Aider les humains à communiquer entre eux grâce aux satellites de télécommunications. Améliorer notre connaissance de la planète et du changement climatique, car nous pouvons mesurer de là-haut des paramètres impossibles à saisir depuis le sol. Porter son regard vers les étoiles, c'était rêver en imaginant notamment Thomas Pesquet flotter en apesanteur dans la Station spatiale internationale (ISS).

« Technologie zombie. » Qu'est-il arrivé pour que l'on voue les activités spatiales aux gémonies ? Jusqu'ici, l'essentiel des critiques adressées à cette industrie portaient sur les budgets qui lui étaient alloués au détriment, jugeait-on, de problèmes plus cruciaux. À quoi cela sert-il de dépenser des milliards pour s'aventurer dans les tréfonds de l'Univers alors que des populations entières meurent littéralement de faim sur notre planète ? Si l'argument est évidemment légitime, il me semble que la quête de connaissances, bénéficiant au plus grand nombre, serait la dernière chose à sacrifier.

L'urgence environnementale a tout à coup changé la donne. Avec des conséquences du réchauffement climatique qui dépassent en fréquence et en intensité la plupart des prévisions des modèles scientifiques, peut-on se permettre de poursuivre des activités polluantes, fussent-elles au service de nobles causes ? Bien entendu, fabriquer un satellite de plusieurs tonnes et le transporter à des centaines, des milliers, voire des dizaines de milliers de kilomètres de notre planète, l'arracher littéralement de la force gravitationnelle de la Terre, requièrent de l'énergie – beaucoup d'énergie, j'y reviendrai plus loin. Mais le jeu n'en vaut-il pas la chandelle, lorsqu'on sait qu'un satellite demeure cinq, dix, quinze, vingt ans en orbite à délivrer des services à des millions d'êtres humains, les aidant dans leurs tâches les plus quotidiennes ? Avons-nous suffisamment conscience du chaos qui régnerait ici-bas si, demain, nous cessions de déployer des satellites dans l'espace ? C'est grâce aux satellites que nous pouvons communiquer d'un bout à l'autre du monde dans les endroits les plus reculés, ou bien nous repérer grâce à nos systèmes de navigation sans avoir à ressortir les vieilles cartes en papier. Les satellites synchronisent nos réseaux d'énergie comme les échanges bancaires, ils nous aident à prévoir les phénomènes météorologiques ou à comprendre les mécanismes à l'origine du réchauffement climatique. Les sondes d'exploration percent toujours un peu plus les secrets de l'Univers, auxquels notre histoire, celle d'une planète Terre à la fois exceptionnelle et banale, suspendue au milieu d'un océan d'étoiles, est intimement liée.

Depuis quelques années, je suis bien conscient que ce discours idéaliste ne tient plus. L'espace, ce n'est plus seulement cela. L'arrivée de nouveaux acteurs innovants, conquérants, la plupart du temps issus du monde du numérique, imprégnés de la culture de l'entreprenariat, en a considérablement abaissé les coûts d'accès. De simples exécutants de projets étatiques, ces entreprises de ce que l'on appelle communément le « New Space » sont peu à peu devenues les principaux moteurs de l'industrie spatiale. Avec des investissements passés de 1,06 milliard de dollars entre 2000 et 2004 à 16,8 milliards entre 2015 et 2019, elles ont fait basculer les acteurs traditionnels dans une logique nouvelle, davantage concentrée sur les besoins des utilisateurs finaux et des perspectives de rentabilité inédites.

Pour obtenir une place dans ce nouvel eldorado, les entreprises de toutes sortes, des géants du numérique aux jeunes pousses plus ou moins médiatiques, n'hésitent pas à multiplier les nouveaux projets tout en cassant les codes du « vieux monde ». Elon Musk a ouvert le bal avec son entreprise SpaceX qui, après avoir un temps fasciné, commence à sérieusement inquiéter. Musk est en effet le premier responsable d'un espace transformé, en moins d'une décennie, en terrain de jeu où peuvent s'exprimer tous les excès.

Ce sont toutes les problématiques inédites soulevées par la privatisation des activités spatiales que je propose de traiter dans ce livre. Quel est le sens individuel et collectif du tourisme spatial, et pour quel impact environnemental ? La banlieue proche de la Terre est-elle déjà saturée, faisant craindre un scénario à la *Gravity* d'Alfonso Cuarón, où la collision entre deux débris provoque une réaction en chaîne condamnant définitivement l'accès à l'espace ? De la même manière, la pollution lumineuse provoquée par les satellites en orbite basse risque-t-elle de nous priver à jamais d'une observation de qualité du ciel et du cosmos ? Des milliardaires pourront-ils, demain, s'approprier des objets célestes tels que les astéroïdes ou la Lune, au détriment de l'intérêt commun et scientifique ? Doit-on dépenser des moyens humains et matériels pour coloniser la planète Mars, dans le contexte d'urgence climatique que nous vivons sur Terre ? À l'heure où les tensions à l'échelle internationale s'intensifient, doit-on s'inquiéter de la militarisation de l'espace ?

Que l'on soit amoureux du spatial ou que les décollages de fusées nous paraissent à mille lieues de nos préoccupations quotidiennes, l'espace fait partie de nos vies. Il est urgent que la société civile, les médias et la sphère politique se saisissent de ces questions. Comme pour le climat, nous devons agir à temps, collectivement, pour que l'espace cesse d'être perçu comme le théâtre de « technologies zombies », mais plutôt comme le terrain de technologies d'avenir.

1.
On a ouvert la boîte de Pandore

« Salut à tous, je m'appelle Elon Musk, je suis le fondateur de SpaceX. Dans cinq ans, vous êtes morts. »

En mars 2006, à Washington lors du salon Satellite, grand-messe annuelle rassemblant les acteurs du secteur spatial, très peu connaissent ce jeune homme de 35 ans, habillé d'un jean et d'un tee-shirt au milieu d'un océan de costumes-cravate. Les rires condescendants fusent. Rien de surprenant de la part d'une communauté spatiale plutôt conservatrice, qui a bien du mal à accepter dans ses rangs des profils atypiques, encore moins ceux n'ayant jamais mis les mains dans la haute technologie des moteurs de fusées.

Inexpérimenté dans le domaine spatial, devant sa fortune à la société de paiement en ligne PayPal qu'il a fondée, à la fois plein d'assurance et le regard fuyant, bourré de tics nerveux – Musk expliquera plus tard présenter un syndrome d'Asperger : il n'en fallait pas plus pour attirer les quolibets des mastodontes de l'espace.

Quinze ans plus tard, Elon Musk est devenu à la fois la star des dérapages infantiles et des paris fous, quasiment tous réussis. On a pris l'habitude de hausser les yeux au ciel lorsqu'il se roule un joint en pleine interview, compare le Premier ministre canadien Justin Trudeau à Hitler ou se dit prêt à affronter Vladimir Poutine en duel, dans un

« combat d'homme à homme », pour remporter l'Ukraine. On a aussi pris l'habitude, non plus de lui rire au nez, mais de s'incliner respectueusement devant les prouesses de sa société de lancements spatiaux SpaceX, fondée en 2002.

On associe souvent SpaceX à la révolution du « New Space », ce mouvement ayant permis à de nouveaux acteurs, principalement des start-up, d'entrer dans le cercle très fermé du spatial. Elon Musk lui-même n'a pas hésité à se mettre en scène, dans la pure tradition du storytelling à l'américaine, afin d'alimenter le mythe de l'entrepreneur ayant débuté dans un garage. Son arrivée dans le paysage ne coïncide-t-elle pas avec une explosion des activités spatiales ? Ne lui doit-on pas le triplement des lancements de fusées entre 2004 et 2022 ? En mettant les pieds dans le plat de l'industrie aérospatiale, n'a-t-il pas réussi l'exploit de réveiller une belle endormie ?

Le New Space à toutes les sauces

Une chose est certaine : devenu la nouvelle frontière, l'espace n'a jamais semblé aussi accessible. Arrivé dans le secteur en 2016, au moment où SpaceX commençait à prendre réellement son envol, j'ai été le témoin de cette évolution rapide et spectaculaire, qui a stupéfié, si ce n'est pris de court, mes collègues bien plus expérimentés. En moins d'une décennie, la mode s'est emparée des thématiques cosmiques. Les films ayant pour décor la voûte céleste ont colonisé les salles de cinéma. L'industrie spatiale progresse à un rythme phénoménal, voyant apparaître chaque jour de nouvelles applications et de nouveaux services aux enjeux économiques colossaux. Selon le cabinet McKinsey, le marché du secteur spatial a bondi de 280 à 447 milliards de dollars entre

2010 et 2022, passant de 280 à 447 milliards de dollars, et pourrait dépasser 1 000 milliards d'ici 2030. Pour ma part, je ne compte plus le nombre de start-up très terre à terre, souvent novices en la matière, qui ont approché Arianespace ces dernières années afin de déployer dans l'espace des objets dont l'utilité a de quoi décontenancer. Certaines missions récentes en disent long sur ce nouvel attrait du vide sidéral.

En novembre 2019, une douzaine de bouteilles de bordeaux prenaient ainsi place à bord du vaisseau spatial Cygnus, développé par Northrop Grumman, dans le cadre d'une mission de ravitaillement de la Station spatiale internationale. Après avoir passé deux mois dans la station à 400 kilomètres d'altitude, la cargaison vinicole est rapatriée sur Terre dans un module Dragon de SpaceX. L'entreprise à l'origine de cette mission hors du commun, Space Cargo Unlimited, souhaitait officiellement étudier le vieillissement du vin dans l'environnement atypique de la microgravité spatiale, et observer son effet sur la qualité du breuvage. À en croire un test olfactif, visuel et gustatif effectué à l'aveugle quelques semaines plus tard avec des bouteilles témoins restées sur terre, le Petrus millésimé 2000, vendu en temps normal à 5 000 euros la bouteille, ne s'est pas « détérioré » ni amélioré. Cela n'a pas empêché la prestigieuse maison de ventes Christie's de débuter la mise à prix à 1 million de dollars la bouteille. Vin, parfum, bijoux, vêtements : à l'avenir, les produits ayant brièvement séjourné dans l'espace pourraient représenter un véritable marché dans l'industrie du luxe.

Le concept de funérailles spatiales, consistant à envoyer quelques grammes des cendres d'un défunt dans le vide cosmique, n'est quant à lui pas tout à fait nouveau. Cependant, la pratique consistait jusqu'ici à rendre hommage à des figures respectées dans l'univers spatial. Le créateur de la série *Star Trek*, Gene Roddenberry, a ainsi été le premier à voir ses cendres embarquer dans une navette spatiale, Columbia en l'occurrence, le 22 octobre 1992. Sept ans plus tard, les cendres du docteur Eugene M. Schoemaker, l'un des fondateurs de la planétologie, s'écrasaient près du pôle Sud de la Lune à bord de la sonde Lunar Prospector. Lancée en 2006, la sonde New Horizons, partie à la rencontre de Pluton, emportait les restes du célèbre astronome Clyde William Tombaugh, découvreur de la planète naine, avant de continuer son voyage dans la ceinture de Kuiper. Celestis, Elysium Space, Beyond Burial, Eternité, Aura Flights... les entreprises qui entendent surfer sur les désirs d'éternité des êtres humains sont désormais légion. Créée en 2013, la société Elysium Space a signé un partenariat avec Spaceflight Industries afin de réserver régulièrement un peu de place dans les petits satellites pour y loger des cendres. En 2017, Elysium Space a conclu un nouveau marché avec Astrobotic Technology afin d'embarquer une urne à bord du module Peregrine, censé atterrir prochainement à la surface de la Lune. Ce nouveau business morbide n'est cependant pas à l'abri de certaines déconvenues inhérentes au secteur spatial. En mai 2023, cent vingt urnes funéraires de l'entreprise Celestis ont ainsi subi une seconde mort en explosant à bord d'une petite fusée au-dessus du désert du Nouveau-Mexique, quelques secondes après le décollage...

L'industrie du cinéma lorgne également sur l'espace. En octobre 2021, le réalisateur russe Klim Chipenko et l'actrice Yulia Peresild s'envolaient vers l'ISS afin d'y tourner de nombreuses séquences du long-métrage *Le Défi*, sorti sur les écrans russes en avril 2023. Plus réaliste encore que *Gravity*, le film raconte l'histoire d'un cosmonaute perdant connaissance à bord d'un vaisseau spatial. Jenia, jeune médecin, se prépare alors à rejoindre la station pour réaliser une intervention chirurgicale en apesanteur... Le film intègre les images réelles du décollage de la fusée Soyouz depuis le cosmodrome de Baïkonour, puis environ 35 minutes de séquences directement filmées dans l'espace.

Les Russes l'admettent bien volontiers : ce projet réalisé dans la précipitation a surtout permis de devancer les Américains en la matière. Tom Cruise, en particulier, n'a jamais caché son ambition de tourner l'un de ses prochains films en partie à bord de l'ISS. Boudés par les Russes, l'acteur de *Mission Impossible* et les studios Universal ont finalement dû se tourner vers SpaceX et la NASA pour pouvoir s'y rendre. En parallèle, le constructeur Axiom Space prévoit de déployer en décembre 2024 le tout premier studio de cinéma spatial qui sera rattaché à l'ISS dans le cadre d'une coopération avec la NASA. Le module devrait accueillir Tom Cruise, mais aussi des émissions de télévision, voire des évènements sportifs.

D'autres nouveaux business profitant de la démocratisation de l'accès à l'espace sont encore plus questionnables. En août 2021, SpaceX a ainsi conclu un partenariat avec Geometric Energy, une start-up canadienne qui souhaite utiliser des satellites comme enseignes publicitaires. Concrètement, la société prévoit de « réserver » l'une des faces d'un Cubesat, un très petit satellite d'environ 10 centimètres de côté, pour permettre à des entreprises comme Coca Cola ou Renault d'afficher leur logo en orbite. Évidemment, personne ne sera capable de distinguer la marque à l'œil nu depuis la Terre. C'est pourquoi le satellite sera équipé d'une caméra chargée de filmer la publicité afin que les images soient diffusées sur YouTube et Twitch.

Si l'on peut raisonnablement émettre quelques critiques quant à la pertinence de mobiliser une partie de la capacité d'un satellite pour générer de bêtes vidéos publicitaires, certains veulent aller encore plus loin dans l'utilisation de l'espace à des fins marketing. Nos parents ou grands-parents ont connu les avions faisant défiler leurs banderoles dans le ciel. Nous vivons actuellement l'ère des drones publicitaires, capable de se mouvoir facilement du haut vers le bas, de gauche à droite, afin de filmer une foule, prendre des selfies, ou encore distribuer des goodies... Verrons-nous demain des panneaux publicitaires géants flotter au-delà des nuages ?

L'entreprise russe StartRocket planche sur le déploiement d'un essaim de petits satellites en orbite qui s'illumineront dans le ciel pour former des figures colorées à l'effigie de grandes marques, diffuser des invitations à des évènements, et même – petite touche philanthropique – des messages d'urgence. On pourrait penser qu'un tel projet coûte bien trop cher pour voir le jour dans un avenir proche. C'est sous-estimer les montants colossaux que les entreprises consacrent à leur budget marketing. Selon une récente étude russe, la création et la mise en orbite d'une constellation de cinquante satellites seraient largement rentables. De la conception des engins à leur pilotage à distance dans l'espace, en passant par la phase de lancement, l'ensemble de l'opération coûterait environ 65 millions de dollars. À titre de comparaison, une publicité lors de la mi-temps du Super Bowl, événement sportif qui atteint régulièrement des sommets d'audience avec plus de cent vingt millions de téléspectateurs, coûte 7 millions de dollars pour 30 secondes à l'écran. Neuf fois plus chère, une constellation de satellites publicitaires pourrait en revanche être vue par des milliards d'êtres humains aux quatre coins du globe. Placée sur la bonne orbite, la publicité spatiale pourrait passer au-dessus d'une grande ville, et y afficher son message pendant 3 à 5 minutes, de jour comme de nuit. En passant au-dessus des mégalopoles américaines et chinoises, StartRocket toucherait ainsi plus d'un milliard de personnes en moins d'une semaine.

N'ayons aucun doute sur le fait que si le marché le justifie, nous finirons un jour par voir ces panneaux publicitaires géants filer au-dessus de nos têtes comme des étoiles filantes au ralenti. Déjà durant les missions Apollo, des marques avaient proposé des millions de dollars à la NASA pour apparaître sur la fusée Saturn V ou sur les combinaisons de Neil Armstrong et Buzz Aldrin. En Europe, les entreprises demandent régulièrement à afficher leur logo sur la coiffe des fusées Ariane ou Vega. Dans les deux cas, les agences spatiales concernées se sont toujours refusées à transformer les lanceurs ou les astronautes en panneaux publicitaires, au nom d'une certaine idée de l'espace, qui revêt une noble dimension scientifique ou stratégique.

Les agences spatiales parviendront-elles à jouer les garde-fous dans le cas de satellites privés déployés par des fusées lancées par des acteurs privés ? Rien n'est moins sûr. En avril 2021, en France, l'Assemblée nationale a voté un texte interdisant les avions publicitaires au nom de la préservation du climat. Une telle législation pourrait s'appliquer à des constellations de satellites publicitaires, mais n'empêchera pas les Français d'être importunés par de gigantesques logos passant au-dessus de leur tête et déployés depuis l'autre bout du monde.

Cette difficulté des instances étatiques à s'accorder sur des règles communes est au cœur de la majorité des problématiques du « New Space ». Dépassées par la rapidité de la démocratisation de l'espace, elles ne pourront pas contenir les ambitions toujours plus décomplexées qui ont provoqué tant de dégâts à la surface de la Terre. Ironie de l'histoire, ce sont ces mêmes agences qui ont mis le pied à l'étrier aux entreprises du « New Space ». À commencer par… la société SpaceX d'Elon Musk.

L'exemple de SpaceX, une start-up mise sur orbite par la NASA

Pour comprendre le rôle de la NASA dans l'extraordinaire succès de SpaceX, il faut remonter à l'objectif, très spécifique, qui est donné à l'Agence spatiale dès sa création en 1958 par le président américain Eisenhower. Après la mise en orbite du tout premier satellite artificiel Spoutnik, Eisenhower entend redorer l'image du modèle américain et rattraper l'avance soviétique en matière de conquête spatiale.

La première mission de cette nouvelle Agence nationale de l'aéronautique et de l'espace consiste à envoyer le premier homme dans l'espace. Mais le sort s'acharne. Le 12 avril 1961, Youri Gagarine, jeune pilote russe de 27 ans, devient le premier être humain à s'aventurer au-delà de l'atmosphère… vingt-trois jours avant l'Américain Alan Shepard ! À grande humiliation, réponse démesurée. Le 25 mai 1961, dans un discours devant le Congrès, le président nouvellement élu John Fitzgerald Kennedy déclare vouloir envoyer des compatriotes… sur la Lune ! « Nous avons choisi d'aller sur la Lune au cours de cette décennie et d'accomplir d'autres choses encore, non pas parce que c'est facile, mais justement parce que c'est difficile. Parce que cet objectif doit servir à organiser et à offrir le meilleur de notre énergie et de notre savoir-faire, parce que c'est le défi que nous sommes prêts à relever, celui que nous refusons de remettre à plus tard, celui que nous avons la ferme intention de remporter, tout comme les autres. »

Mais déjà, des voix s'élèvent pour dénoncer le gouffre financier que représente le programme Apollo. Bien plus qu'une agence aux visées scientifiques, la NASA apparaît donc d'abord comme un outil de propagande, capable, par le rêve et le sentiment de fierté, voire de domination qu'elle suscite au sein de la population, de fédérer des financements publics inédits. Dès 1963, le budget de la NASA représente plus de 2 % de celui de l'État fédéral, avec un pic à 4,41 % en 1966. On peut considérer que le retour historique sur investissement est à la hauteur de l'ambition lorsque, le 21 juillet 1969, six cents millions de téléspectateurs et sans doute autant d'auditeurs suivent en direct l'arrivée en vue de la Lune, l'atterrissage, puis les premiers pas de Neil Armstrong et de Buzz Aldrin. Phrase culte du « petit pas pour un homme, mais [du] bond de géant pour l'humanité », installation de la bannière étoilée à 380 000 kilomètres de la Terre, appel téléphonique en direct avec le président américain de l'époque, Richard Nixon : toutes les cases sont cochées pour que les livres d'histoire retiennent avant tout cet exploit – et quel exploit ! – de la conquête spatiale, faisant passer les prouesses soviétiques au second plan.

Mais voilà : ce moment historique qui vient de porter la NASA au sommet pourrait bien être aussi celui qui précipite sa chute. En effet, que pouvait-elle bien proposer aux Américains après avoir marché sur la Lune ? Construire une base lunaire ? Aller sur Mars ? Tous ces projets sont mis sur la table, mais Nixon les juge trop coûteux, d'autant que les Soviétiques peinent à rattraper leur retard technologique. Tout juste consent-il à conserver le programme de navette spatiale, histoire de ne pas s'aliéner l'électorat des États où l'industrie aéronautique est florissante. Problème : ces modules habités sont censés acheminer des équipages... sans destination précise ! La NASA et sa navette spatiale peinent à convaincre. Toutes deux sont sauvées de justesse par un Ronald Reagan entretenant l'idée, au début des années 80, que les conflits du futur se joueront dans l'espace. Cette « guerre des étoiles » donne un nouveau souffle à l'Agence, la reprise des vols habités suscite un regain d'intérêt. Mais le 28 janvier 1986, l'accident de la navette Challenger, qui se désintègre en vol peu après son décollage, entraînant la perte de la totalité de l'équipage, marque un nouveau coup d'arrêt à la conquête spatiale outre-Atlantique. En 1998, le début de l'assemblage de la Station spatiale internationale, symbole du réchauffement des relations entre les États-Unis et la Russie, lui donne un peu de sursis en justifiant les vols habités en orbite basse.

L'Agence spatiale américaine en profite également pour opérer un changement stratégique. À défaut de retourner sur la Lune ou de s'élancer vers Mars, elle mise l'essentiel de sa communication sur les bienfaits qu'une utilisation intelligente de l'espace peut apporter sur Terre. Notamment, les grands projets de coopération internationale qui œuvrent au rapprochement entre les peuples ou les satellites scientifiques qui permettent de comprendre les phénomènes liés au changement climatique. Ce sont d'ailleurs les satellites de la NASA qui mettent pour la première fois en évidence les trous dans la couche d'ozone au-dessus des pôles.

Mais le 1er février 2003, un nouveau drame fait basculer la conquête spatiale américaine dans une nouvelle ère. Après une mission sans accroc de quinze jours à bord de l'ISS, sept astronautes débutent leur phase d'entrée atmosphérique à bord de la navette Columbia, laquelle se met brusquement à vriller avant de se désintégrer totalement. Aucun des membres d'équipage n'en réchappe. Il n'en faut pas davantage pour que quelques années plus tard Barack Obama mette définitivement un terme au programme de vols habités américains. Afin de préserver là aussi les emplois dans l'industrie aérospatiale, Obama sanctuarise néanmoins deux grands programmes de développement : le « Space Launch System », la fusée la plus puissante jamais conçue, et la capsule habitable Orion. L'objectif ? Envoyer des équipages vers Mars. La date ? Silence radio. Preuve du peu de motivation de l'administration américaine pour un tel voyage, le budget de la NASA ne cesse de se réduire pour stagner à 0,5 % du budget de l'État fédéral à partir des années 2010. Entretemps, Obama décide même de sous-traiter les lancements destinés à assurer une liaison logistique entre la Terre et l'ISS à des compagnies privées.

Voilà le tableau dans lequel Elon Musk débarque au milieu des années 2000. Quel qu'ait été son intérêt réel pour les activités spatiales, le multimillionnaire a alors compris deux choses. Privée d'un programme de vols habités, la NASA dispose d'un vivier d'experts désœuvrés. Par ailleurs, un bon storytelling porté par des objectifs ambitieux, à même de ranimer le rêve et le patriotisme des Américains, reste un maillon essentiel pour engranger des financements publics. Tout ce dont la NASA a cruellement manqué depuis l'arrêt du programme Apollo.

Avant-même la création de Space Exploration Technologies (SpaceX en abrégé), Elon Musk ne parle que de la conquête de la planète Mars. Il est notamment impliqué dans la Mars Society, une organisation internationale fondée en 1998 afin de promouvoir l'exploration et la colonisation de la planète rouge, et soutient des projets d'y envoyer des souris ou d'y bâtir des serres. À la différence de la NASA, qui s'enferme dans un discours essentiellement scientifique pour justifier l'exploration de Mars, Elon Musk en fait ni plus ni moins un enjeu de survie pour l'humanité. Dans un discours apocalyptique décomplexé, l'entrepreneur martèle à qui veut bien l'entendre – et ses adeptes se font rapidement de plus en plus nombreux – qu'en raison de l'épuisement accéléré des ressources terrestres, l'espèce humaine n'a d'autre choix que de devenir une espèce « multiplanétaire » en s'exportant sur un astre voisin. Qu'importe si Mars n'est nullement adaptée à la vie telle qu'on la connaît sur Terre ou si ce projet nous détourne de l'urgence de prendre soin de notre planète. Si l'attrait pour l'aventure spatiale est ravivé, le Congrès n'aura d'autre choix que de débloquer les fonds nécessaires pour accompagner l'enthousiasme général. D'autant que Musk n'oublie pas de promettre de « révolutionner l'accès à l'espace » en réduisant les coûts de lancement, ce qui représente autant d'économies pour le contribuable.

Le discours d'Elon Musk est rodé, sa communication flirte avec le génie, comme l'illustrent ses interventions publiques dignes d'une star de rock, auxquelles le milieu du spatial est assez peu habitué. SpaceX n'est pas une simple aventure industrielle. C'est une machine à relancer le rêve spatial américain, près d'un demi-siècle après les derniers pas sur la Lune. Un projet, un discours, une personnalité auxquels on adhère sans nuance, en assumant une franche part d'irrationnel.

Elon Musk a relevé haut la main le pari de fédérer la société américaine autour d'un projet commun. De fait, l'argent public a été le principal carburant de SpaceX. Dès 2003, l'US Air Force lui octroie une enveloppe de 50 millions de dollars pour amorcer le développement de sa première fusée Falcon 1. Trois ans plus tard, la NASA lui accorde une rallonge de 278 millions de dollars. En soi, l'aventure dans laquelle se lance alors Elon Musk reste un défi très risqué. Dans un local en banlieue de Los Angeles, l'entrepreneur a déjà commencé à rassembler des responsables, des ingénieurs et des techniciens débauchés de l'industrie aérospatiale traditionnelle. Le mot d'ordre : développer au maximum en interne tout ce qui peut l'être, y compris si cela doit prendre des années, plutôt qu'acheter au prix fort chez des sous-traitants.

Le premier vol de Falcon 1 échoue en 2006, tout comme le deuxième un an plus tard, et le troisième en 2008. Dans ce que l'histoire retiendra comme l'ultime essai déterminant, censé sceller l'avenir de SpaceX, le quatrième lancement du 28 septembre 2008 est un succès. En totale cohérence avec sa stratégie de sous-traiter l'accès à l'espace à des sociétés privées, trois mois plus tard, la NASA remet le pied de la (très) jeune entreprise à l'étrier en lui confiant un contrat pour douze lancements de ravitaillement de l'ISS, d'un montant de… 1,6 milliard de dollars ! Dès lors, les subventions plus ou moins déguisées pleuvent. En seulement seize ans, SpaceX reçoit plus de 23 milliards de dollars de financement public américain, dont 14,6 milliards directement de la NASA.

L'historique des lancements de SpaceX parle de lui-même : sur la centaine réalisée depuis sa création (hors lancements effectués pour son propre compte afin de constituer la constellation de satellites Starlink, nous y reviendrons), près de la moitié l'ont été pour la NASA et l'armée américaine. On se souvient du premier vol habité opéré par SpaceX le 30 mai 2020, au plus fort de la crise du Covid-19. Des astronautes américains retrouvaient pour la première fois en dix ans le chemin des étoiles depuis le centre spatial Kennedy, en Floride, à bord de capsules flambant neuves. Pour cet évènement présenté comme « historique », Musk avait sorti le grand jeu : fusée immaculée, intérieur bardé d'écrans tactiles, combinaisons ultramodernes dessinées par un célèbre costumier d'Hollywood.

L'histoire est loin d'être terminée. En août 2020, l'US Air Force a confié à SpaceX quatorze lancements à réaliser entre 2024 et 2027, tandis que la NASA a déjà sélectionné la société d'Elon Musk pour lancer les deux premiers modules qui constitueront la future station en orbite autour de la Lune, la Lunar Gateway, prévue d'ici la fin de la décennie. SpaceX en sera aussi le ravitailleur officiel, lui assurant des missions régulières, comme aujourd'hui avec ses missions cargo vers l'ISS. C'est également SpaceX qui développera le module permettant de faire atterrir des astronautes sur la Lune, pour lequel il pourrait recevoir 2,9 milliards de dollars supplémentaires. Entre les missions scientifiques, celles de transport de fret et d'astronautes en orbite basse ou dans l'environnement lunaire, les lancements des futurs satellites GPS et autres missions militaires, le volume de commandes institutionnelles promis à SpaceX ne fera qu'augmenter à l'avenir.

La guerre pour le marché américain

Elon Musk n'est pas le seul, aux États-Unis, à avoir bénéficié du changement de stratégie de la NASA. En 2006, les partenaires industriels historiques de l'agence et de l'US Air Force, Boeing et Lockheed Martin, décident d'unir leurs forces en créant la United Launch Alliance (ULA) – une initiative qu'Elon Musk a attaquée en justice en vain. La société dispose alors de deux lanceurs, l'Atlas V de Lockheed Martin et le Delta IV Heavy de Boeing, qu'elle utilise essentiellement afin de déployer dans l'espace des satellites pour la Défense. Pendant dix ans, ULA aura bénéficié d'un monopole écrasant sur ce marché militaire, qui a généré 75 % de ses revenus.

En somme, si SpaceX a su mettre un pied dans la porte des lancements spatiaux, il l'a surtout fait au détriment des fournisseurs historiques, en les obligeant à partager le gâteau de l'argent public. Ce n'est pas pour rien qu'ULA et SpaceX sont aujourd'hui engagés dans une lutte acharnée pour décrocher de futurs contrats. Avec du retard sur son concurrent, Boeing s'apprête à son tour à revenir sur le marché des vols habités avec sa capsule Starliner. ULA devrait également prendre part à la nouvelle vague d'exploration de la Lune en lançant les tout premiers modules chargés d'acheminer du matériel vers la future station orbitale ou à la surface de notre satellite naturel.

D'autres entreprises récemment installées dans la Silicon Valley ont bien l'intention de décrocher une part de l'eldorado spatial. Parmi elles, le géant de la distribution en ligne, Amazon, et son patron Jeff Bezos, qui prévoit dès les débuts de Blue Origin, sa compagnie de lanceurs fondée en 2000, d'y injecter pas moins de 1 milliard de dollars par an piochés dans sa fortune personnelle. Entre Elon Musk et Jeff Bezos, on ne saurait faire plus différent en termes de style et de stratégie de communication. Quand le premier multiplie les coups d'éclat et prend régulièrement le grand public à témoin de ses ultimatums adressés à l'humanité, agitant le chiffon rouge de la dernière chance pour contraindre le gouvernement américain, le second agit avec pragmatisme et en toute discrétion. Nul rêve de colonisation de la planète rouge pour Bezos. Lui souhaite plutôt s'imposer dans le tourisme spatial et, au sens large, dans l'installation pérenne des humains dans l'espace.

Quelles que soient les différences entre Musk et Bezos, leur stratégie pour monter en puissance reste finalement assez similaire – Blue Origin compte lui aussi sur le lucratif marché institutionnel pour remplir 25 % de son carnet de commandes –, leur valant de se livrer une bataille sans merci devant les tribunaux. En 2018, SpaceX entame un recours en justice pour avoir été exclu d'un contrat de 500 millions de dollars de l'US Air Force, exclusivement octroyé à Blue Origin. Les équipes d'Elon Musk se consolent lorsque, en août 2020, l'armée américaine rompt son accord avec Blue Origin, trop en retard dans le développement de sa fusée, au profit de SpaceX et de ULA.

Après avoir mis en place une « national team » aux côtés de Lockheed Martin, Northrop Grumman et Draper, des acteurs historiques du spatial américain, Blue Origin se voit à nouveau voler la vedette par SpaceX. En avril 2021, la NASA choisit en effet la société d'Elon Musk pour construire le prochain module d'atterrissage habité, le Starship HLS (Human Landing System) qui déposera à nouveau des Américains sur la Lune. Une décision que Blue Origin conteste. Jeff Bezos va jusqu'à proposer de couvrir 2 milliards de dollars de coûts sur ses propres deniers au cas où l'Agence changeait d'avis. Classée après des mois de bataille judiciaire, la plainte paralysait la collaboration entre la NASA et SpaceX. La guerre des étoiles se mène aussi sur Terre.

Redonner du sens à l'Espace

Si l'on est loin de l'image simpliste de l'entrepreneur ayant révolutionné les coûts d'accès à l'espace en construisant un empire industriel dans un garage à partir de rien, les succès à répétition d'Elon Musk ont suffi à considérablement changer la vision des citoyens et des décideurs politiques vis-à-vis des activités spatiales. Personne ne croyait à ses voitures Tesla : elles se sont largement imposées sur le marché des véhicules électriques. On se moquait de ses fusées réutilisables : toutes les grandes puissances spatiales tentent aujourd'hui de rattraper leur retard en la matière. Le modèle économique des mégaconstellations de satellites consacrées à internet peinait à convaincre : la solution Starlink de SpaceX s'implante aux quatre coins du monde, et on ne compte plus les initiatives concurrentes en la matière. En coupant régulièrement l'herbe sous le pied de ses détracteurs, Elon Musk a instillé l'idée trompeuse selon laquelle les grandes innovations à même de révolutionner le monde peuvent uniquement émerger du secteur privé. Les institutions publiques devraient donc leur laisser le champ libre afin de déployer toute leur énergie et leur force créative.

Désormais, les voix qui s'élèvent pour tenter de redonner un peu de sens et de cohérence aux activités extra-atmosphériques sont très vite rangées dans la catégorie des rabat-joie. Cette nouvelle approche du « New Space » a non seulement tué tout esprit critique, mais elle nous fait également fermer les yeux sur les risques réels portés sur l'utilisation durable du cosmos. L'émergence récente des mégaconstellations de satellites déployés par milliers en orbite basse en est un exemple frappant.

2.
Comment notre ciel a changé en moins de cinq ans

Un étrange objet dans le ciel

Début juillet 2022, allongé dans un transat, une bière à la main et des chips dans l'autre, je m'émerveille devant le ciel étoilé du Sud de la Corse, où j'ai la chance de passer quelques jours de vacances. Vivant à Paris depuis plus de dix ans, j'ai perdu l'habitude de lever les yeux, même si les façades haussmanniennes de la capitale méritent souvent qu'on y attarde le regard. Je prendrai même l'habitude, pendant ces vacances, de me réveiller à 3 ou 4 heures du matin pour contempler le cœur de la nuit, quand le Soleil se trouve tout à fait derrière la Terre. À cette heure-là, on peut rester de très longues minutes devant ce que l'on devine être la Voie lactée, notre galaxie vue par la tranche, une immense bande laiteuse qui concentre la majorité des étoiles visibles sur la toile cosmique.

Je me demande à quoi pouvaient bien penser nos ancêtres devant ce spectacle qui, si splendide soit-il, garde quelque chose d'oppressant. Rien de plus paradoxal, car dans une nuit sans nuage, notre œil traverse l'atmosphère pour voir bien plus loin qu'en plein jour. Il pénètre le vide spatial et va chatouiller des étoiles situées à des milliards de milliards de milliards de kilomètres. Pour autant, cette immensité peut être ressentie comme une chape de plomb. Face à la nuit, on se sent étrangement seul, suspendu dans le vide cosmique sans aucune branche à laquelle nous raccrocher. La nuit a également cette faculté de nous transformer en philosophe du dimanche. On pense différemment, on soulève des questions existentielles que l'on n'envisagerait jamais de se poser en observant des nuages en plein jour. La nuit est une parenthèse, c'est à peine si elle fait partie de la vie elle-même. Il n'y a rien d'étonnant à ce que la Voie lactée ait fait l'objet de toutes les interprétations mythologiques. Une giclée de lait lorsque Héraclès tira trop fort sur le sein de sa mère ou une trace laissée par un gigantesque incendie pour les Grecs de l'Antiquité. Un fleuve pour les Chinois, un bras de mer céleste dans la langue tahitienne, ou une rivière pour les aborigènes d'Australie. Un chemin des morts pour les Amérindiens. Un chemin pour les oiseaux migrateurs chez les Estoniens et les peuples de Laponie, les Samis. En somme, la nuit étoilée a cette capacité d'exciter notre imagination.

Mais cette nuit-là, divaguant sur quelque mécanisme céleste et au milieu de considérations pseudo-philosophiques échangées avec des amis curieux, un phénomène bien plus terre à terre me sort brusquement de ma torpeur. Un point lumineux ressemblant à une étoile traverse le ciel nocturne à une vitesse constante et étrangement élevée. Il ne peut s'agir d'un avion, car ils évoluent généralement à plus basse altitude et à moindre vitesse, leurs feux rouges et verts clignotant dans la nuit. Impossible également d'y voir une étoile filante, phénomène éphémère beaucoup plus rapide, qui correspond à l'entrée d'un corps céleste dans l'atmosphère où il se consume en devenant, l'espace d'un instant, une boule de feu visible depuis le sol. Les étoiles, quant à elles, ne se déplacent pas sur la voûte cosmique – tout du moins pas aussi rapidement, et toujours de concert avec leur voisine. Ce ne sont d'ailleurs pas les étoiles qui se déplacent, mais notre planète qui tourne sur elle-même : le ciel étoilé tout entier donne l'impression d'avoir glissé vers l'ouest entre le crépuscule et l'aube.

Il n'y a alors plus aucun doute : cette trace lumineuse correspond à la trajectoire d'un satellite artificiel. Tout excités à l'idée d'avoir vu quelque chose d'exceptionnel, nous nous mettons à la recherche d'autres satellites, comme des chasseurs d'étoiles filantes en plein mois d'août. Mais nous réalisons vite que ce phénomène n'a rien d'exceptionnel. Pour être plus précis : il n'a *plus* rien d'exceptionnel, car ce type de ballet cosmique était impossible à voir à peine quatre ans plus tôt. Dans le ciel étoilé de Corse, toutes les 2 minutes, un satellite traverse la voûte en une poignée de secondes. Parfois, cinq ou six satellites se suivent en file indienne et à égale distance. Clairement, nous avons compris qu'il faudrait nous habituer à cette nouvelle carte du ciel, comme nos grands-parents se sont habitués, quasiment du jour au lendemain, à voir des avions traverser régulièrement le ciel bleu en laissant derrière eux de longues traînées blanches.

D'un ton que j'espère le moins professoral possible, j'explique à mes amis que, s'ils sont visibles à l'œil nu, c'est que tous ces satellites doivent se trouver à très basse altitude. Par ailleurs, nous les voyons sans doute particulièrement bien en ce début de nuit, à l'heure où le soleil commence tout juste à passer de l'autre côté de la Terre. Les rayons du soleil rasant se réfléchissent sur la surface des satellites et parviennent jusqu'à notre pupille. Dans quelques heures, en plein milieu de la nuit, quand le soleil sera parfaitement caché derrière la Terre, nous ne les verrons probablement plus. La curiosité de mes amis est décuplée lorsque je leur annonce que tous ces satellites appartiennent à la même personne.

En réalité, n'ayant pu observer une nuit d'été depuis le premier confinement de 2020, c'est la première fois que je vois, matérialisé sous mes yeux, l'un des plus grands projets que le secteur spatial ait connu au cours des dernières décennies : la constellation de satellites Starlink, déployée par Elon Musk, pour Elon Musk. Quelques chiffres suffisent à générer des sueurs froides. En seulement quatre ans, entre mai 2019 et août 2023, SpaceX a lancé dans l'espace plus de quatre mille huit cents satellites consacrés à internet, d'environ 300 kilos chacun et évoluant à très basse altitude, à 550 kilomètres de la surface terrestre. Cela représente près de 40 % de tous les satellites mis en orbite depuis le début de la conquête spatiale, en 1957 ! En réalité, le nombre de satellites actifs évoluant au-dessus de nos têtes suit une progression exponentielle à peine croyable. Ils étaient près de 1 000 en 2010, 1 400 en 2015, 2 000 en 2018. En 2020, 3 300 satellites envoyaient leurs signaux vers la Terre. Ils étaient 4 800 en 2021. Aujourd'hui, ils sont… 7 000 à délivrer au quotidien des services depuis l'espace ! Ce n'est pas fini. D'ici à 2030, les spécialistes s'attendent de manière réaliste à en voir près de 27 000, principalement issus de ce que l'on appelle les mégaconstellations de télécommunications.

Résultat : l'espace a beau être immense, la majeure partie des satellites est désormais concentrée sur une infime bande orbitale, au plus proche de la Terre. Les opérateurs y jouent des coudes, pour profiter pleinement des perspectives économiques que représentent ces constellations composées de centaines, de milliers, voire de dizaines de milliers de satellites. Symbole de l'espace far west, cette nouvelle ruée vers l'orbite basse révèle une absence de réglementation aux conséquences potentiellement dramatiques.

En effet, le risque d'une collision en chaîne entre satellites n'a jamais été aussi élevé, menaçant de priver durablement l'humanité de l'accès à l'espace. La multiplication des engins spatiaux inquiète également les astronomes du monde entier, qui alertent depuis des années sur la dégradation des conditions d'observation du ciel.

Avant de nous plonger dans cet avenir aux enjeux inouïs, autorisons-nous un détour historique afin de comprendre comment, après plusieurs tentatives infructueuses, les constellations de satellites ont réussi à s'imposer en un temps record au-dessus de nos têtes, prenant tout le monde – agences spatial, scientifiques, grand public – par surprise.

Les débuts timides des constellations de satellites

Cela fait plusieurs décennies que les satellites nous permettent de mieux communiquer. Jusque très récemment encore, tout se passait très loin de la surface terrestre, à 36 000 kilomètres d'altitude, sur ce que l'on appelle l'orbite géostationnaire. Des satellites positionnés à cette distance de la Terre, sur le plan de l'équateur, tournent dans le même sens et à la même vitesse angulaire que notre planète : ils font face à une même zone géographique en permanence. Vus depuis la Terre, ces satellites semblent donc immobiles, ce qui permet de recevoir leurs signaux grâce à une simple antenne fixe.

SATELLITE GÉOSTATIONNAIRE
ORBITE ÉQUATORIALE
(géosynchrone)

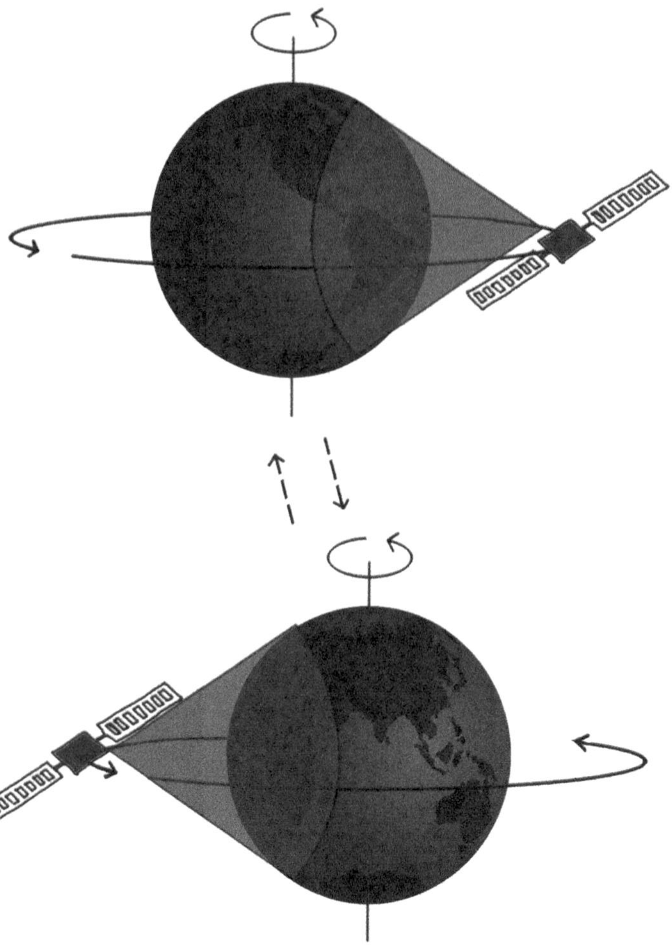

Le 26 juillet 1963, la compagnie américaine Hughes Aircraft parvient à maintenir le tout premier satellite de télécommunications, Syncom 2, sur l'orbite géostationnaire au-dessus de l'océan Pacifique. Un an plus tard, Syncom 3 assure la transmission télévisuelle des Jeux olympiques de Tokyo aux États-Unis. Le satellite apparaît comme une solution de remplacement crédible aux câbles sous-marins, ces gigantesques infrastructures utilisées depuis le milieu du XIXe siècle pour acheminer des télécommunications, d'abord télégraphiques puis téléphoniques à partir de 1950. Posés sur les fonds marins, ces câbles restent exposés aux aléas de toutes sortes et n'autorisent que des volumes restreints de transfert de données. Du fait de leur éloignement, les satellites géostationnaires peuvent être contactés depuis quasiment la moitié du globe terrestre. Nuls tempêtes ou tremblements de terre susceptibles de les endommager dans le vide spatial.

Afin d'en optimiser le modèle économique, onze pays unissent leurs forces et fondent en 1964 le consortium intergouvernemental *International Telecommunications Satellite Consortium*, Intelsat. Le premier satellite d'Intelsat, baptisé Early Bird, est lancé en avril 1965. D'une masse de 65 kilos seulement, il permet de gérer quatre cent quatre-vingts communications téléphoniques simultanées. La troisième génération Intelsat III permet d'assurer pour la première fois une couverture complète de la planète à partir de mai 1969. Beaucoup plus puissants, ils gèrent simultanément mille deux cents circuits téléphoniques ou quatre chaînes de télévision. En 1973, Intelsat compte déjà quatre-vingts pays signataires. De nombreux opérateurs de télécommunications privées émergent aux quatre coins du monde.

Mais cette lune de miel est de courte durée. En 1988 est inauguré le premier câble transatlantique utilisant la fibre optique, une nouvelle technologie offrant un débit d'information nettement supérieur à celui des câbles coaxiaux classiques. Sa capacité, qui atteint quarante mille liaisons (à comparer aux quarante-huit liaisons du premier câble transatlantique inauguré en 1956) et la progression de la couverture assurée par des antennes relais terrestres, annoncent la fin de la supériorité des satellites sur le marché des appels à longue distance, dont le coût les réserve à une élite. La vingtaine de satellites de télécommunications déployés chaque année dans les années 1990 et 2000 se contentent principalement de diffuser des programmes de télévision. Le développement massif d'internet et des objets connectés dans les années 2010 va considérablement changer la donne.

En 2005, le premier satellite entièrement dédié à l'internet, iPSTAR-1, est placé sur l'orbite géostationnaire pour le compte de l'opérateur thaïlandais Thaicom. D'autres lui emboîtent le pas. À nouveau, le recours au satellite se révèle particulièrement pertinent là où l'installation de la fibre terrestre s'avère trop complexe ou coûteuse, voire impossible : les zones rurales faiblement peuplées, les déserts, mais aussi les véhicules tels que les trains, les bateaux ou les avions. Mais très vite, les opérateurs sont confrontés à un problème majeur directement lié à la nature de l'orbite en question : la latence. Une requête d'un utilisateur sur Terre devra en effet parcourir 36 000 kilomètres pour atteindre un satellite géostationnaire, et la réponse lui parviendra une fois que le signal aura à nouveau parcouru le chemin retour. Un échange d'informations entre la Terre et le satellite nécessitera donc en moyenne 600 millisecondes. Ce temps de latence peut sembler imperceptible à notre échelle humaine, il peut être très handicapant pour certaines applications, notamment les jeux vidéo en réseau. D'autant que la latence de la fibre optique terrestre est quant à elle quasi nulle.

Pour remédier à ce phénomène, les opérateurs ont imaginé de rapprocher les satellites de notre planète, pour les placer en orbite basse, typiquement entre 400 et 1 200 kilomètres d'altitude, divisant la durée de l'aller-retour par 20. De telles orbites ont longtemps été utilisées par des satellites d'observation. Mais à la différence de l'orbite géostationnaire, les orbites basses ne sont pas synchrones avec la rotation de la Terre : les satellites bouclent chaque révolution en 1 heure 30 (contre 24 heures pour la Terre) et ne réalisent ainsi que de très brefs passages au-dessus d'une zone spécifique. Par ailleurs, au même titre que le halo d'une lampe torche rétrécit à mesure qu'on la rapproche d'une surface, un satellite en orbite basse couvrira une zone géographique bien plus restreinte qu'un satellite à 36 000 kilomètres d'altitude. Lorsque trois satellites géostationnaires suffisent pour couvrir l'ensemble du globe, il faut en prévoir des centaines, voire des milliers, en orbite basse, défilant dans toutes les directions à une fréquence élevée. Par ailleurs, sous cette gigantesque toile d'araignée entourant la Terre, un réseau complexe d'antennes au sol doit capter en permanence le signal des nombreux satellites durant leur passage au dessus d'elles.

Enfin, tout satellite en orbite utilise en permanence un peu de carburant pour rectifier sa trajectoire en raison des instabilités du champ gravitationnel de la Terre, qui n'est pas parfaitement sphérique, ainsi que de l'attraction du Soleil et de la Lune. Sur une orbite géostationnaire, un satellite embarque généralement suffisamment de carburant pour se maintenir pendant une dizaine, voire une quinzaine d'années. En orbite basse, les satellites doivent également lutter contre des frottements générés par les quelques

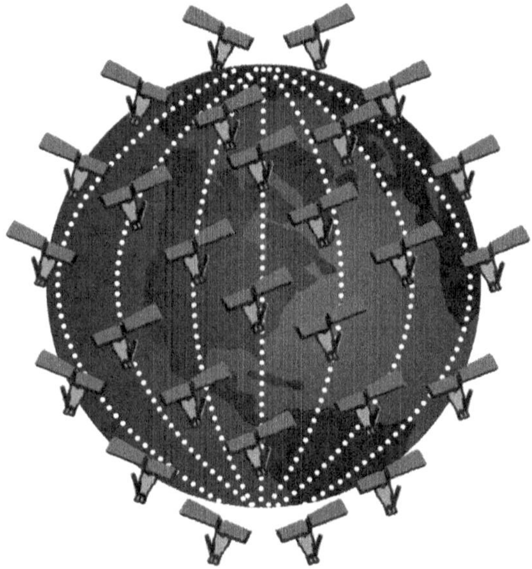

Constellation de satellites en orbite basse

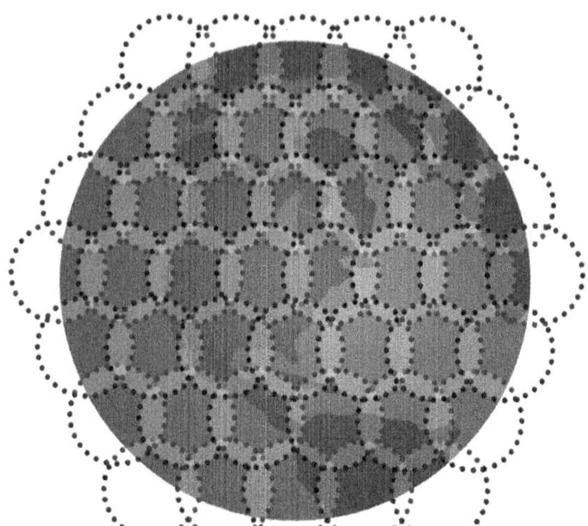

Couverture d'une constellation de satellites en orbite basse

molécules d'air qui subsistent à ces altitudes. Plus petits, ils ont de surcroît tendance à embarquer moins de carburant. Résultat : leur durée de vie se situe entre quatre et sept ans, d'où la nécessité de les remplacer plus régulièrement.

Malgré toutes ces contraintes, des ingénieurs de la société américaine Motorola proposent dès la fin des années 1980 de déployer des constellations de satellites pour la téléphonie mobile. L'objectif est alors d'assurer une couverture des océans et de régions faiblement peuplées. En 1991, Motorola crée Iridium, en référence aux soixante-dix-sept satellites qui composeront la future constellation (77 correspond au numéro atomique de l'iridium). Sept milliards de dollars sont levés pour créer l'infrastructure terrestre et spatiale nécessaire. Les satellites sont envoyés à une altitude de 780 kilomètres sur une orbite passant tout près des pôles, bouclant une rotation complète en 100 minutes, et permettent de couvrir l'ensemble de la surface terrestre.

Très vite, les sociétés opérant des constellations de satellites sont frappées du même syndrome : problèmes techniques à répétition, nombre de clients insuffisants et caisses vides les précipitent les unes après les autres vers la faillite. Preuve de la pression implacable exercée par les nouveaux réseaux terrestres, Iridium comptabilisait cinquante-cinq mille abonnements au lieu des cinq cent mille nécessaires pour assurer son modèle économique. Clairement, les constellations de satellites ne sont pas parvenues à trouver leur place. Jusque très récemment.

La renaissance des constellations

Cap Canaveral, États-Unis, après-midi du 29 mars 2023. L'allumage des moteurs de la fusée Falcon 9 fait l'effet d'une allumette en pleine combustion, relâchant d'épais panaches de fumée. Le bolide s'élance fièrement dans l'espace, traversant en une poignée de secondes un ciel bleu azur parsemé de quelques nuages. L'image est époustouflante et ferait oublier qu'une heure plus tard, cinquante-six satellites seront déployés par la fusée à quelques centaines de kilomètres au-dessus de nos têtes. Cette scène, les habitants de Californie ou de Floride ont pu l'apprécier à soixante-dix-huit reprises, et nul doute que ce nombre aura largement augmenté depuis l'écriture de ces lignes. L'avènement des constellations consacrées à internet, déployées à tour de bras en des temps records, constitue la plus grande révolution que l'industrie spatiale a connue depuis des décennies.

Les usages réclamant une connectivité à internet fiable, sécurisée, résiliente, disponible à tout moment et en tout point du globe ont explosé ces dernières années. Les communications entre objets connectés ou le développement de nouveaux secteurs digitalisés tels que la santé, les médias ou les transports, sans parler des usages à venir que nous ne connaissons pas encore, réclament des capacités de transfert de données mobiles toujours plus massives.

Les opérateurs des réseaux terrestres ont déjà bien compris cette nouvelle demande avec le déploiement, en France et ailleurs, du réseau de télécommunications 5G. Avec un débit jusqu'à dix fois plus élevé que la 4G, la technologie 5G utilise une bande de fréquence plus haute : 3,5 GHz pour la couverture en téléphonie mobile, puis, les années suivantes, 26 GHz essentiellement pour la communication entre objets connectés. Cependant, plus la fréquence est haute, plus la portée des ondes est courte. Les ondes se propagent moins loin et sont facilement bloquées par des obstacles (les arbres, les murs d'habitation...) nécessitant l'installation de nombreuses antennes relais.

Par ailleurs, les câbles sont soumis comme jamais auparavant à divers aléas pouvant entraîner des dommages plus ou moins graves : catastrophes climatiques, mais aussi... conflits géopolitiques. De fait, en reliant physiquement les pays entre eux, les quelque quatre cent trente tubes d'acier, de cuivre et de plastique protégeant la fibre optique et passant au fond de l'Atlantique, du Pacifique ou de la Méditerranée, dépendent fortement des bonnes – et des mauvaises – relations entre pays. En 2014, la Russie était ainsi accusée d'avoir coupé des câbles terrestres lors de l'annexion de la Crimée. En septembre 2021, l'un de ses navires scientifiques, soupçonné d'être un bateau espion, a été repéré au large de la Normandie puis escorté par la Marine nationale en dehors des eaux territoriales françaises. Depuis l'invasion de l'Ukraine par la Russie, ce risque de sabotage est pris très au sérieux par les services de renseignement français, surtout lorsque l'on sait que 99 % de nos communications actuelles reposent sur ces réseaux terrestres. Nul problème de la sorte avec les satellites, qui peuvent être gérés de bout en bout de façon souveraine par des sociétés privées ou des États. Ainsi, en février 2022, l'armée française a simulé une coupure de câbles entre les Antilles et l'Hexagone : exercice destiné à déployer des moyens de communication alternatifs *via* les satellites. En mai 2022, plus de cent cinquante mille Ukrainiens étaient connectés à internet grâce aux satellites Starlink qu'Elon Musk avait mis à leur disposition.

Starlink : la vraie raison des fusées réutilisables de SpaceX

L'intérêt récent pour les constellations de satellites en orbite basse ne s'explique pas uniquement par ces nouveaux usages. Il doit être apprécié à la lumière d'une rupture technologique emblématique du New Space, indissociable de la montée en puissance de SpaceX : le réutilisable. Car Elon Musk ne se contente pas de faire décoller des fusées : il a également pour ambition de devenir l'un des plus grands opérateurs de satellites au monde. À la fois fournisseur et client, embarquant ses propres satellites dans ses propres lanceurs, Elon Musk est un ovni dans l'écosystème spatial. Or, pour atteindre son objectif de déployer un maximum de satellites en un temps record, il a misé très tôt sur un schéma industriel des lanceurs spatiaux radicalement différent de ce qui se faisait jusqu'alors.

Le grand public n'a pas toujours conscience que la plupart des fusées sont comme nos anciens appareils photos jetables : une fois le satellite mis en orbite, les dizaines de tonnes de moteurs, de structures et de réservoirs vides sont tout bonnement jetées aux ordures. Il faut, pour chaque lancement, fabriquer une nouvelle fusée. Dès les débuts de l'aventure SpaceX, Elon Musk annonce vouloir réutiliser des morceaux d'une fusée ayant déjà volé, officiellement afin de réduire le coût de chaque lancement. Il n'est pas le premier à avoir pensé à recycler des lanceurs. Les navettes spatiales de la NASA reposaient sur la même idée. Positionnées au sommet des fusées au moment du décollage, celles-ci s'en détachaient, s'amarraient à une station orbitale, puis revenaient, avec les astronautes à bord, se poser en vol plané comme des avions. Outre les modules habités, les deux boosters à poudre flanqués de part et d'autre de l'immense boyau central orangé s'en détachaient après 2 minutes d'ascension, amorçaient une chute libre avant de déployer trois immenses parachutes leur permettant de se poser doucement dans l'océan Atlantique. Deux navires étaient alors chargés de les récupérer, pour les ramener à Cap Canaveral avant qu'ils ne soient envoyés dans des usines de reconditionnement de l'Utah. Certains de ces étages à propulsion solide, remplis d'un combustible à la consistance d'une gomme dure et consumée comme un bâton de dynamite, pouvaient être réutilisés une vingtaine de fois avant d'être définitivement remplacés. Mais les coûts d'inspection, de démontage et de remise en état des boosters se sont révélés rédhibitoires, de sorte que chaque vol d'une navette spatiale coûtait *in fine* environ… 500 millions de dollars ! C'est là toute la difficulté de concevoir un produit réutilisable dans un secteur de la haute technologie marqué par une faible cadence de production : il est généralement moins coûteux de construire un produit neuf que d'en réparer un déjà utilisé. En effet, entre le 12 avril 1981 et le 21 juillet 2011, cent trente-cinq vols de la navette américaine ont été effectués, soit… entre quatre et cinq lancements par an en moyenne seulement.

À la différence de la navette spatiale, la fusée Falcon 9 de SpaceX est uniquement composée de deux étages à propulsion liquide. Ces derniers fonctionnent en brûlant une forme de kérosène spécialement raffiné (le carburant) et de l'oxygène (le comburant), injectés dans une chambre de combustion puis éjectés par la tuyère, générant la poussée. Contrairement aux boosters solides, qui se consument comme des pétards dont il serait impossible, en plein vol, d'éteindre puis de rallumer la mèche, les étages à propulsion liquide autorisent à couper les moteurs puis à remettre le

Profil type d'un lancement de Falcon 9

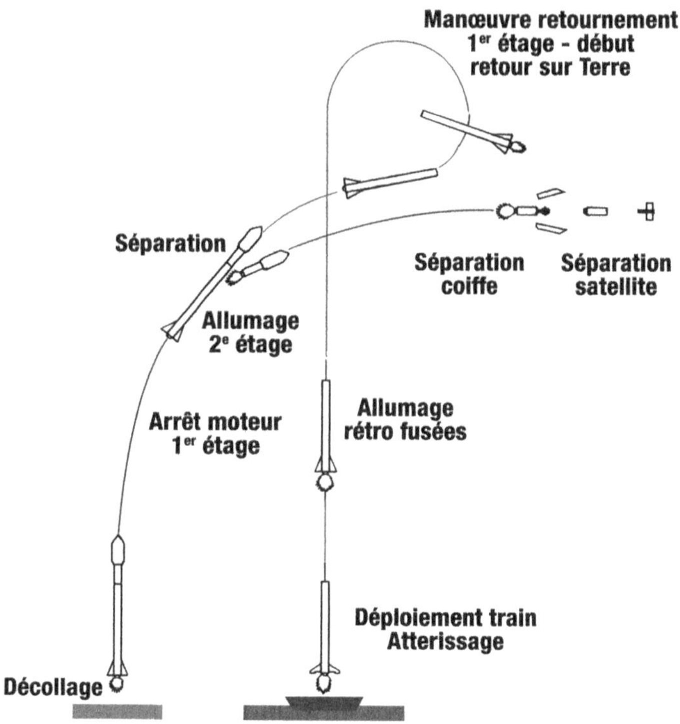

contact. Cette particularité est indispensable pour envisager de faire atterrir l'étage d'une fusée à la verticale, sans parachute ni vol plané. C'est ce qui rend les lancements de SpaceX aussi spectaculaires : on ne peut se lasser de voir le premier étage d'un Falcon 9 éteindre les gaz, se détacher du reste de la fusée et retomber lentement vers la surface de la Terre de manière presque anarchique. Le clou du spectacle intervient au dernier moment, lorsque, s'attendant au crash, on voit les moteurs se rallumer, effectuer une rétro-poussée dans le sens inverse de la descente, puis réussir à stabiliser l'engin avant de déployer les quatre pieds qui le poseront impeccablement sur le sol ou sur une barge en pleine mer, parfois chahutée par la houle. Cette technologie nécessite un système de guidage particulièrement fin et une maîtrise exceptionnelle de l'aérodynamisme de la fusée, pour l'empêcher de partir en vrille au moment de la rétro-poussée. Naturellement, garder un peu de carburant pour atterrir amoindrit la performance du lanceur : si une fusée Falcon 9 « consommable » est capable d'acheminer plus de 8 tonnes vers l'orbite géostationnaire, un Falcon 9 dans sa version « réutilisable » reste limité à 5,5 tonnes dans le cas d'un atterrissage optimisé en mer.

Au vu de la complexité de l'opération, il est tout à fait normal que les quatre premières tentatives d'atterrissage du premier étage des fusées Falcon 9, en 2015 et 2016, se soient soldées par des crashs en pleine mer. Mais très vite, ces échecs se font plus rares. Jusqu'en 2020, SpaceX ne rate qu'entre une et deux récupérations sur dix. Depuis, une seule n'a pas fonctionné comme prévu.

Les fusées réutilisables, vraiment moins chères ?

Disons-le franchement : seul SpaceX sait combien coûte réellement le reconditionnement de ses fusées Falcon 9. Une chose est cependant certaine : entre le carburant supplémentaire permettant d'assurer le retour sur Terre, la moindre performance – il faut quasiment lancer deux fusées réutilisables au lieu d'une fusée consommable pour mettre en orbite la même masse de satellites –, les coûts de reconditionnement et les processus qualité renforcés, une fusée Falcon 9 ne devrait être intéressante qu'avec des cadences de lancement élevées, permettant des économies d'échelle. Précisément ce dont Elon Musk a besoin pour déployer sa constellation Starlink.

Certes, le discours de l'entrepreneur au sujet du réutilisable s'est pendant longtemps concentré sur la conquête martienne. Atterrissage sur Mars, reconditionnement de la fusée, redécollage vers la Terre : avec la réutilisation, SpaceX promettait de maîtriser les technologies essentielles pour réaliser des allers-retours fréquents avec la planète rouge. Les récentes statistiques de SpaceX ont le mérite de remettre ce discours à sa place. Au cours des trois dernières années, plus de la moitié des lancements réalisés par SpaceX l'ont été pour mettre en orbite ses propres satellites Starlink. À la mi-2023, SpaceX avait réalisé 44 lancements dont 22 pour Starlink. Cela représente un lancement tous les quatre jours, c'est-à-dire un rythme phénoménal pour qui connaît les échelles de temps nécessaires à la préparation d'une mission et à la réhabilitation d'un pas de tir en vue du lancement suivant.

Avec désormais huit satellites produits par jour dans ses usines de Seattle et plus de quatre mille cinq cents qui tournent déjà au-dessus de nos têtes, Musk est devenu en seulement trois ans le premier opérateur de satellites commerciaux au monde. Et ce n'est pas fini : sur le papier, SpaceX pourrait bien déployer un total de quarante-deux mille satellites en orbite basse. Or, si tous les opérateurs de satellites déployaient un nombre aussi colossal d'objets, l'espace proche deviendrait très vite saturé. Devant cette occupation massive de la banlieue terrestre en un temps record, suivant la logique du « premier arrivé, premier servi », pourquoi les autorités compétentes ne réagissent-elles pas ? À l'image d'une réponse internationale à la traîne face à l'urgence du réchauffement climatique, les principales nations spatiales ont en réalité toutes les peines à instaurer des règles communes pour prévenir les désastres annoncés.

3.
Le vide juridique de l'orbite basse

Premier arrivé, premier servi

Historiquement, seule l'orbite géostationnaire fait l'objet de règles particulièrement strictes pour organiser la répartition des satellites autour de la Terre. Sans entrer dans des notions juridiques trop complexes, le Traité international sur l'espace, adopté le 19 décembre 1966 par l'Assemblée générale des Nations unies et ratifié par toutes les grandes nations spatiales, pose les premiers fondements de l'exploration et de l'utilisation de l'espace extra-atmosphérique, à une époque où les États-Unis et l'URSS faisaient la course à la Lune.

Le texte prévoit trois grands principes. D'abord, les États sont libres d'accéder à l'espace, à condition de l'utiliser à des fins pacifiques. Par ailleurs, les gouvernements ont interdiction de s'approprier une ressource spatiale, telle que la Lune, un astéroïde ou une planète. Enfin, le traité institue une responsabilité des États pour les actes commis dans l'espace extra-atmosphérique. Cette notion de responsabilité des États de lancement est précisée le 29 mars 1972, et élargie aux éventuels dommages causés sur les biens et les personnes sur Terre, dans l'atmosphère ou dans l'espace. La Convention sur l'immatriculation du

12 novembre 1974 oblige quant à elle les États signataires à tenir un registre national des objets lancés dans l'espace et d'en informer l'ONU, ou à coopérer à toute demande d'assistance en vue d'identifier un objet spatial quel qu'il soit. Nul gendarme à l'échelle internationale : chaque nation s'engage à vérifier que les missions spatiales, publiques comme privées, préparées et lancées depuis son territoire, se déroulent de façon responsable. Or, miser sur l'autorégulation a rarement fait avancer le monde dans le bon sens.

Devant le déploiement rapide de satellites de télécommunication, certains pays en développement revendiquent ainsi l'élaboration d'un régime nouveau leur garantissant un accès équitable à l'orbite géostationnaire. En effet, les places sont chères à 36 000 kilomètres de distance autour de l'équateur, là où les satellites se déplacent de concert avec la rotation de notre planète, surplombant en continu la même portion de la surface terrestre. Deux satellites souhaitant communiquer directement avec la France joueront des coudes pour optimiser leur vis-à-vis avec le territoire. Par ailleurs, il faut s'assurer qu'ils n'émettent pas dans la même bande de fréquence, au risque de brouiller les signaux, au même titre qu'on alloue des fréquences spécifiques aux stations radio afin d'éviter l'anarchie sur les ondes. Fondée en 1865, l'Union internationale des télécommunications (UIT), institution spécialisée des Nations unies pour les technologies de l'information et de la communication, attribue aux satellites du monde entier des fréquences radioélectriques et des positions sur l'orbite géostationnaire, qu'elle qualifie de « ressources naturelles limitées ». Elle élabore également les normes techniques qui assurent l'interconnexion harmonieuse des réseaux et des technologies tout en s'efforçant d'améliorer l'accès aux télécommunications pour les communautés mal desservies.

De fait, un opérateur de satellite devra réserver auprès de l'UIT une position et une fréquence orbitales jusqu'à sept ans avant le lancement de l'engin dans l'espace. Cette contrainte peut parfois générer de la tension chez les constructeurs de satellites, qui se doivent de respecter ces délais sous peine de perdre une réservation et de voir la position orbitale réattribuée à un autre opérateur. Un nouveau business a émergé de telles situations. Des entreprises se sont ainsi spécialisées dans le déploiement en orbite de petits satellites dont l'unique fonction consiste à émettre un signal le plus simple possible à la fréquence et depuis la position réservées par un opérateur. Ces petits satellites dits de « slot holding » agissent comme un ami à qui l'on demande de se mettre dans une file d'attente pour ne pas perdre sa place. En positionnant à temps un objet sans grande valeur sur l'orbite réservée auprès de l'UIT, l'opérateur se laisse un peu plus de temps pour concevoir et déployer dans l'espace son « vrai » satellite de télécommunications. Naturellement, l'opération a un coût, mais moindre que de perdre des années à repasser par une boucle de validation pour se voir à nouveau attribuer une position orbitale. Dans le vide cosmique, aussi, le temps, c'est de l'argent.

Toutes ces problématiques ont longtemps épargné les orbites basses et moyennes, c'est-à-dire tout l'espace situé au-dessous de l'orbite géostationnaire. Et ceci pour une raison simple : avant l'ère des constellations, ces orbites étaient avant tout occupées par des satellites d'observation de la Terre qui, comme leur nom l'indique, se contentaient de prendre des clichés de la surface planétaire, sans émettre dans une bande de fréquence donnée. Aucun risque de voir des signaux interférer entre eux en orbite basse ! Par ailleurs, ces satellites peuvent occuper une infinité d'orbites et ne restent jamais fixes devant une zone terrestre : la notion de « position orbitale » à partager entre les différents opérateurs ne revêt donc pas pour eux la même importance que sur l'orbite géostationnaire.

De toute évidence, l'UIT s'est longtemps davantage préoccupée de l'attribution des fréquences et des positions orbitales que des problématiques d'encombrement et des risques de collisions entre satellites. C'est elle qui, sur le papier du moins, a autorisé 42 000 satellites de la constellation Starlink à émettre dans certaines bandes de fréquence, sans se soucier des conséquences de la mise sur orbite d'un tel volume de satellites. C'est l'UIT qui a donné le feu vert à Amazon pour mettre en œuvre son projet de constellation Kuiper composée de 3 236 satellites, à OneWeb, détenue par des entreprises indienne, française, japonaise et le gouvernement britannique, pour déployer les 650 satellites de la première génération de sa constellation ou encore à l'opérateur canadien Telesat pour lancer la construction de 300 satellites.

En décembre 2021, des voix ont commencé à s'élever parmi les opérateurs de satellites historiques pour dénoncer la légèreté avec laquelle l'UIT traitait les nombreux dépôts de dossiers de constellations. Des demandes souvent effectuées très en amont par crainte de ne plus disposer le moment venu de la moindre place en orbite basse. Or, certaines relèvent de l'absurde. En septembre 2021, le gouvernement rwandais a ainsi déposé une demande auprès de l'UIT pour deux constellations composées au total de... 327 230 satellites ! Insensé, quand on sait que le Rwanda n'a, jusqu'à présent, lancé dans l'espace qu'un minuscule satellite de moins de 5 kilos (on comprendra plus tard que le Rwanda agissait pour le compte de Greg Wyler, un entrepreneur décidé à déployer des constellations de satellites en orbite basse consacrés à l'internet des objets). Fondée en 2015 par quatre étudiants de l'université de Toronto, la société Kepler Communications n'a à ce jour déployé que deux satellites de démonstration grands comme des boîtes à chaussures. Cela n'a pas empêché la jeune pousse en pleine croissance de déposer une demande pour le déploiement, à terme, d'environ 115 000 satellites en orbite basse ! Sur le papier, rien n'empêche une entreprise de déposer une demande pour lancer un million de satellites dans l'espace...

« D'un point de vue économique, ces dépôts extrêmes n'ont aucun sens », expliquait Michel Azibert, directeur général adjoint d'Eutelsat, lors d'une table ronde de la World Satellite Business Week à Paris, en 2021. « Les systèmes déjà en développement actif par des sociétés comme Amazon, OneWeb, SpaceX et Telesat, ainsi que les satellites à haut débit en orbite géostationnaire, offrent déjà une capacité bien supérieure à la demande prévue. [...] Nous ne devrions pas être captivés par le battage médiatique et dire que plus il y a de constellations, mieux c'est pour l'humanité, car ce n'est pas vrai. C'est le contraire. » Si la plupart de ces projets farfelus ne verront probablement jamais le jour, certains craignent que leurs initiateurs tentent malgré tout d'en amorcer le déploiement avant de se casser les dents devant la fragilité de leur modèle économique. Résultat : des satellites participant inutilement à l'encombrement de l'orbite basse. « Le plus gros problème est que l'UIT ne peut réglementairement pas intervenir pour empêcher la saturation des orbites, estimait pour sa part Mark Dankberg, président de ViaSat, un autre opérateur historique de satellites, lors de la même conférence. Tout ce dont ils peuvent s'occuper, c'est le spectre [de fréquences]. Personne n'avait prévu un environnement où il y aurait tellement de satellites que la congestion physique des orbites serait un problème dominant. » Pour Steve Collar, patron de SES : « Nous ne nous en rendrons probablement pas compte avant qu'il ne soit trop tard. Il est maintenant temps pour l'industrie de commencer à devenir un peu plus responsable. »

Dans cette affaire, l'avis de l'UIT ne suffit pas. Pour obtenir l'autorisation finale de déployer leurs méga-constellations, les opérateurs doivent se tourner vers les instances de régulation nationale : la Commission fédérale des communications (FCC) aux États-Unis ou l'Agence nationale des fréquences (ANFR) en France. Cependant, dans l'espace comme sur Terre, les enjeux de compétition économique à l'échelle internationale ont souvent raison des pratiques responsables. Pour conserver l'avance américaine en matière de connectivité *via* l'orbite basse, la FCC valide quasiment les yeux fermés le déploiement de milliers, voire de dizaines de milliers, de satellites de ce type. Après avoir autorisé le déploiement de ses 4 408 satellites de première génération, la FCC a donné à SpaceX le feu vert pour lancer 7 500 des 30 000 satellites qui doivent composer la deuxième génération de Starlink. De quoi permettre à la société de poursuivre le déploiement de son système pendant que la FCC examine le reste du dossier.

Nul doute que les autres pays ne freineront pas non plus les ambitions de leurs champions industriels nationaux au nom de principes qu'ils seraient par ailleurs les seuls à appliquer. Les projections préparées par les différents bureaux d'analyse vont toutes dans le même sens. D'après la société de conseil Euroconsult, 17 000 satellites seront envoyés dans l'espace au cours de la décennie 2020-2030, dont 60 % appartiendront à des constellations en orbite basse. La compagnie Northern Sky Research (NSR) table quant à elle sur 24 700 satellites déployés sur la même période, 70 % appartenant à des constellations. D'ores et déjà, avec le déploiement récent de la constellation Starlink de SpaceX, plus de 80 % des satellites sont désormais concentrés sur l'orbite basse. « L'espace a beau être infiniment grand, les régions qui ont une valeur économique sont quant à elles ridiculement petites », écrit l'ESA dans son dernier rapport sur l'environnement spatial.

À défaut de réguler le nombre de satellites, certaines agences, notamment en Europe, appellent à instaurer des règles de bonne conduite afin de réduire les risques de collision dans l'espace. Sur Terre, le code de la route a permis de gérer une augmentation exponentielle du nombre de voitures circulant sur le territoire français, passées de quelques dizaines de milliers au début du XXe siècle à quelques millions dans les années 1950-1960, puis des dizaines de millions à partir des années 1980. Le problème n'est pas toujours le manque de place pour se mouvoir dans l'espace, mais la façon dont sont organisés les déplacements. Des évènements récents intervenus en orbite basse illustrent parfaitement le retard pris par le secteur spatial en la matière, et en disent long sur le sens de la responsabilité collective de certains acteurs.

Un « code de la route » spatial ?

Le 28 août 2019, l'Agence spatiale européenne reçoit des données alarmantes de la part de l'US Air Force. Selon les calculs des Américains, une semaine plus tard, le satellite européen ADM-Aeolus de 1 366 kilos présenterait une chance sur 10 000 de percuter le satellite Starlink 44, de 227 kilos. Si le risque paraît négligeable, il doit être pris très au sérieux compte tenu des dégâts que peut générer une collision en orbite, où les engins filent dans le vide spatial à des vitesses démesurées d'environ 8 kilomètres par seconde, soit vingt fois plus vite qu'une balle de révolver. À ces vitesses, qui permettraient d'effectuer un aller-retour Paris-Marseille en 3 minutes chrono, toute collision frontale entraîne la destruction totale des satellites et produit des milliers de débris, eux-mêmes susceptibles d'entrer en collision avec d'autres engins spatiaux. Prudente, l'ESA prend le soin d'alerter les équipes de SpaceX, lesquelles estiment que la probabilité de collision reste au-dessous des critères de sécurité. Sauf qu'entretemps, le risque passe à 1 pour 1 000, soit dix fois au-delà de la marge de sécurité. Devant le silence de SpaceX, l'ESA décide finalement de réaliser une manœuvre d'évitement, consistant à augmenter l'altitude du satellite de 350 mètres moins d'une heure avant qu'il croise le Starlink le 2 septembre.

Cet exemple illustre à la perfection l'absence de réglementation en orbite. Dans le vide spatial, il n'existe pas l'équivalent de la priorité à droite du code de la route. Un satellite de quelques kilos n'a pas le devoir de freiner devant un mastodonte de 6 tonnes. Dans le cas présent, rien n'obligeait SpaceX ou l'ESA à accomplir en premier une manœuvre d'évitement : tout repose sur la bonne volonté des opérateurs de satellites, qu'ils soient publics ou privés. Officiellement, SpaceX reconnaît ne pas avoir répondu en raison d'un « bug dans [son] système d'appel », qui aurait empêché le suivi des échanges. Il y a plutôt fort à parier que les opérateurs de SpaceX n'avaient pas de temps à perdre à s'occuper de telles manœuvres orbitales. Surtout lorsqu'on sait qu'elles ne sont pas sans conséquence pour la vie du satellite : tout changement de trajectoire consomme du carburant. Or, c'est la quantité de carburant embarqué dans un satellite au moment du décollage qui définira essentiellement sa durée de vie en orbite. « Gâcher » de l'énergie pour réaliser des manœuvres d'évitement revient à perdre des journées d'activité – et les revenus qui y sont associés. Avec leurs moteurs à propulsion électrique, les satellites Starlink sont certes moins sensibles à cette problématique. Mais pour les satellites à propulsion chimique (embarquant du carburant liquide), toute manœuvre dans l'espace s'avère critique.

Les choses se compliquent lorsque ces alertes de collision impliquent deux sociétés privées. En avril 2021, des responsables de OneWeb déclarent avoir dû modifier la trajectoire d'un de leurs satellites afin d'éviter un rapprochement jugé dangereux avec un Starlink. Selon les calculs, les deux engins devaient se trouver à seulement 60 mètres l'un de l'autre, avec un risque supérieur à 1 sur 100 d'entrer en collision le 30 avril. D'après Chris McLaughlin, l'un des dirigeants de OneWeb, SpaceX aurait informé ses interlocuteurs qu'elle ne pouvait rien faire pour esquiver un téléscopage. La société d'Elon Musk aurait alors volontairement désactivé le système automatisé d'évitement de collision sur son satellite afin de permettre à OneWeb de manœuvrer le sien en toute sécurité. Convoquées par la FCC, les deux parties déclarent finalement avoir « mené une coordination réussie aboutissant à un résultat positif ». Ce qui n'a pas empêché SpaceX d'exprimer « sa déception devant la Commission que les responsables de OneWeb aient choisi de déformer publiquement les circonstances de la coordination », et sa reconnaissance « à OneWeb d'avoir proposé [...] de retirer ses précédentes déclarations incorrectes ». Une rétractation finalement refusée par OneWeb, qui accuse plutôt les journalistes d'avoir déformé ses propos. Cette guerre de la communication entre deux concurrents issus du monde occidental montre l'ampleur de la tâche pour s'entendre à l'échelle internationale. En décembre 2021, dans une note adressée à l'ONU, la Chine rapportait pour sa part deux collisions évitées de justesse entre sa station spatiale TianHe et des Starlinks à trois mois et demi d'intervalle. Dans les deux cas, la station a dû réaliser une manœuvre d'évitement, tandis que les satellites n'ont pas changé leur trajectoire.

Dans tous les cas, si rien n'est fait à court terme, la problématique des débris en orbite risque fort de dégénérer. Pour le plus grand malheur de la filière spatiale, transformée en pompier pyromane, mais aussi – et surtout – des terriens.

Les risques de collision

L'ESA estime à 36 000 le nombre d'objets de plus de 10 centimètres dans l'espace, dont la moitié se concentrent dans l'orbite basse. Toujours selon l'Agence spatiale européenne, la banlieue proche de la Terre est remplie de plus d'un million d'objets de plus de 1 centimètre et de 130 millions d'objets de plus de 1 millimètre.

Effarants, ces chiffres sont la conséquence d'une augmentation exponentielle des débris générés depuis le début de l'ère spatiale, en 1957 : des morceaux entiers de lanceurs jusqu'aux boulons et autres éclats de peinture. Au-delà d'instaurer un code des usages, prévenir la génération de nouveaux débris constitue le second grand impératif à une utilisation raisonnée de l'espace. Hors de contrôle, le moindre petit débris évoluant à une si grande vitesse représente un danger pour tout ce qui se trouve sur son passage. Au jeu des analogies, un objet spatial de 2 kilos embarque l'énergie cinétique d'un camion de 35 tonnes

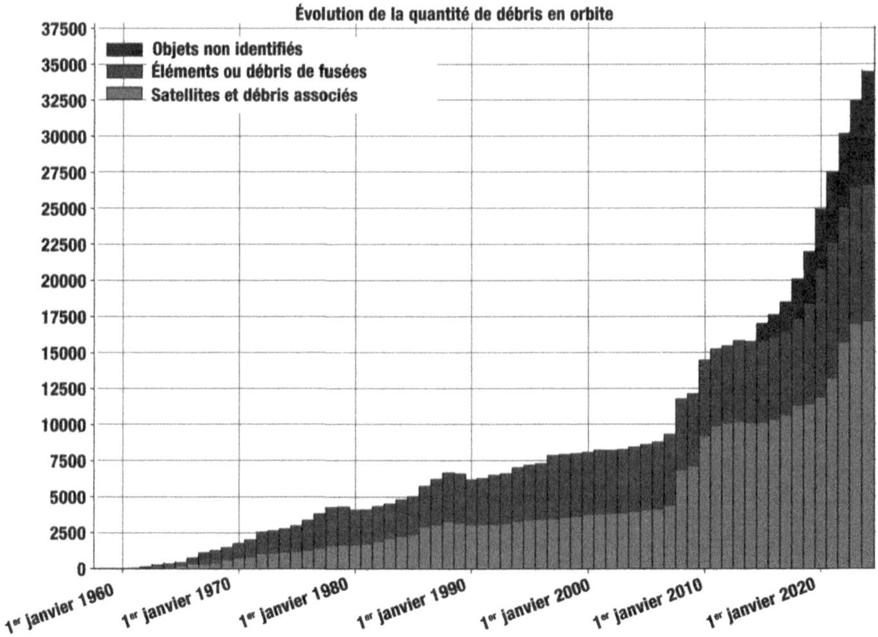

lancé à 200 kilomètres par heure. Un débris de 2 grammes équivaut à une moto fonçant à 100 kilomètres par heure. Un débris en acier de moins de 1 millimètre libère la même énergie qu'une balle de base-ball propulsée à 200 kilomètres par heure. Enfin, les milliards de particules de quelques micromètres (un million de fois plus petit que 1 mètre) éjectées pendant la combustion des moteurs spatiaux ou par l'érosion des peintures, sont capables, à la longue, de fissurer les hublots d'un engin ou de perforer des panneaux solaires.

Parmi les plus grands débris, on retrouve les étages supérieurs de fusées laissés en orbite après avoir libéré les satellites dans l'espace, ou bien les satellites eux-mêmes, arrivés à court de carburant et sur lesquels les opérateurs n'ont plus aucun contrôle. La plupart des petits débris sont quant à eux générés par les explosions en orbite, provoquées par des reliquats de carburant ou des batteries à bord de satellites ou de fusées. Le reste provient essentiellement de collisions, rares mais dévastatrices. On en dénombre à peine plus d'une dizaine depuis les années 90, chacune ayant dispersé dans le vide spatial des milliers de déchets supplémentaires. La plus emblématique remonte à février 2009, lorsque, au-dessus de la Sibérie, le satellite américain Iridium 33, alors en activité, s'écrase contre un vieux satellite russe Kosmos 2251, lancé en 1993. Bilan : 1 800 morceaux de plus de 10 centimètres volent en tous sens. Des débris traçables qui se rappellent régulièrement au bon souvenir des astronautes. Ainsi, le 24 mars 2012, un débris oblige l'équipage de l'ISS à se réfugier brièvement dans des capsules Soyouz. Le 29 octobre 2014, un autre débris généré par cette collision contraint la station à réaliser en moins de 2 heures une manœuvre d'évitement. Plus récemment, en mars 2021, un satellite militaire chinois vole en éclats au-dessus de l'Arctique, après avoir heurté un morceau d'une ancienne fusée russe des années 1990, Zenit-2. Il s'agit de la pire collision orbitale depuis celle de 2009.

Pendant longtemps, aucune disposition n'a été prise pour éviter la dispersion des débris issus des fusées ou des satellites. Il faut attendre 1978 pour que l'astrophysicien Donald Kessler soit le premier à théoriser un scénario catastrophe. D'après son modèle, baptisé « syndrome de Kessler », à partir d'une certaine densité de débris en orbite, les probabilités de collision sont telles qu'elles conduiront inévitablement à une réaction en chaîne : les débris entreront en collision avec des objets, générant d'autres débris, qui entreront à leur tour en collision avec des objets, et ainsi de suite.

Au-delà d'un certain seuil, un tel scénario marquerait la fin de l'exploration spatiale ou de l'exploitation des satellites artificiels. L'enjeu n'est donc pas d'arrêter de lancer des objets utiles dans l'espace, mais de le faire de façon responsable.

En 1993, les agences spatiales américaine, européenne, russe et japonaise créent l'Inter-Agency Space Debris Coordination Committee (IADC), un comité technique chargé de définir un ensemble de mesures permettant réduire le volume de débris spatiaux. En 2002, l'IADC délivre plusieurs recommandations dans un document qui doit servir de référence pour la rédaction par les différentes nations de leur propre réglementation. Deux zones particulièrement fréquentées sont au centre des attentions : l'orbite basse, définie jusqu'à 2 000 kilomètres d'altitude, et la zone autour de l'arc géostationnaire, à 36 000 kilomètres. Le temps de séjour de tout débris libéré dans l'espace, qu'il s'agisse des étages supérieurs des fusées ou des satellites arrivés en fin de vie, doit être limité au maximum.

Pour les engins placés sur une orbite basse, les opérateurs doivent s'assurer qu'ils la quitteront dans les vingt-cinq ans suivant leur mise en orbite, soit en les précipitant dans l'atmosphère, où ils se consumeront comme une météorite en feu, soit en les plaçant à une altitude au-delà de 2 000 kilomètres. Les satellites évoluant sur une orbite géostationnaire doivent se placer de façon autonome sur ce que l'on appelle poétiquement une orbite cimetière, située environ 300 kilomètres au-delà de l'orbite opérationnelle, où ils resteront pendant des siècles. Si la plupart des satellites cèdent leur place une fois arrivés en fin de vie, l'IADC conserve soigneusement une liste des mauvais élèves ayant fait le choix du moindre effort en matière de « désorbitation ». En effet, à l'instar des manœuvres réalisées pour éviter les

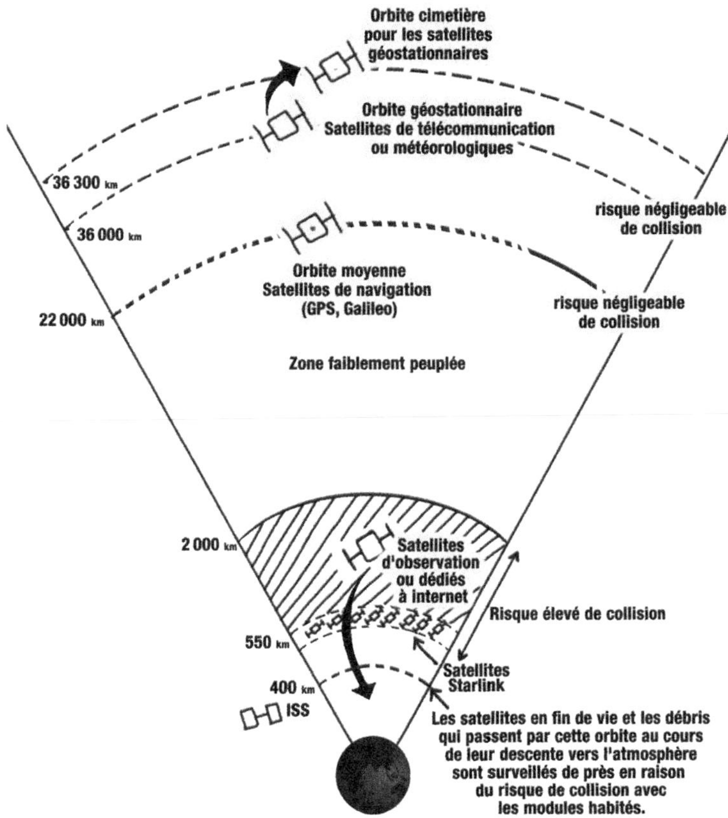

collisions, précipiter un satellite dans l'atmosphère ou le placer sur une orbite cimetière suppose de conserver un peu de carburant en vue du dernier souffle. Écourter ainsi la durée de vie du satellite équivaut directement à se priver d'une partie des revenus qu'il génère. « Un nombre insuffisant de satellites quittent ces orbites fortement encombrées lorsque leur vie opérationnelle est terminée, écrit encore l'ESA dans son dernier rapport sur l'environnement spatial.

[Ces derniers] risquent de se disloquer en dangereux nuages de débris qui resteront en orbite pendant de nombreuses années. » Entre l'argent et le sens des responsabilités, certains opérateurs font rapidement leur choix.

Par ailleurs, comment respecter un tel engagement dans le cas où le satellite tomberait en panne avant d'avoir pu libérer la place ? Ce scénario malheureux est au cœur de la problématique des méga-constellations déployées actuellement. Produits à la chaîne, ces satellites ne sont pas à l'abri de vices de fabrication, comme l'ont montré des anomalies à répétition observées sur la constellation Starlink. En effet, d'après les calculs de Jonathan McDowell, célèbre astrophysicien à l'université Harvard, au 28 juillet 2023, sur les 4 881 satellites déployés dans l'espace, près de 8 % sont tombés en panne, 123 d'entre eux avant même d'avoir atteint leur orbite. Ce fut le cas le 3 février 2022, quand 49 nouveaux satellites Starlink ont été correctement déployés à 210 kilomètres d'altitude. Comme à son habitude, SpaceX a souhaité s'assurer que les satellites fonctionnaient correctement avant de les placer, grâce à leurs propres moyens de propulsion, sur leur orbite finale à 550 kilomètres. Mais le lendemain, une tempête solaire a provoqué un échauffement et une densification des couches les plus hautes de l'atmosphère. Les satellites fraîchement déployés ont été freinés par les frictions atmosphériques, jusqu'à 50 % supérieures à celles constatées lors des lancements précédents. Pour 40 des 49 satellites, les frictions étaient trop importantes pour réaliser la montée vers l'orbite finale. Par ailleurs, 249 Starlink sont tombés en panne pendant leur service. Leur redescente anarchique ou semi-anarchique dans l'atmosphère laisse penser que les équipes de SpaceX n'ont plus le contrôle sur ces satellites, qui constituent alors un danger de collision avec d'autres objets spatiaux.

Si ces « taux » d'anomalies restent stables, le lancement, à terme, de 30 000 satellites Starlink de deuxième génération pourrait conduite à la panne sèche de près de 2 286 unités. Dans une lettre adressée à la FCC datée du 7 février 2022, la NASA partage ses craintes vis-à-vis de leur déploiement, dont elle souhaite s'assurer qu'il sera réalisé « avec prudence, d'une manière qui soutient la sécurité des vols spatiaux et la viabilité à long terme de l'environnement spatial ». L'agence estime qu'une « augmentation de cette ampleur dans ces bandes d'altitudes confinées entraîne intrinsèquement un risque supplémentaire de collisions générant des débris du simple fait du nombre d'objets concernés ». SpaceX prend alors soin de préciser que chaque Starlink embarque un système automatisé d'évitement des collisions. Réponse de la NASA : « Il n'est pas recommandé de supposer que les systèmes de propulsion, les systèmes de détection au sol et les logiciels sont fiables à 100 %, ou bien que les opérations manuelles – le cas échéant – sont totalement exemptes d'erreurs. »

Dans cette affaire, le nombre fait le poison. Durant la pandémie de Covid-19, beaucoup ont été surpris par la saturation des hôpitaux malgré une probabilité relativement faible de développer des complications dues au virus, oubliant qu'un autre paramètre façonnait sa gravité, à savoir le taux – et donc le nombre – de contaminations simultanées observées sur un territoire donné. De la même manière, des pannes ou des manœuvres d'évitement ratées, même rares, peuvent vite s'avérer critiques si elles concernent un nombre élevé de satellites. Ainsi, en analysant les données de la base Socrates (Satellite Orbital Conjunction Reports Assessing Threatening Encounters in Space), Hugh Lewis, chef du groupe de recherche en astronautique de l'université de Southampton, au Royaume-Uni, estimait en août 2021 que le risque de collision avait plus que doublé depuis les premiers lancements des satellites Starlink en mai 2019. Les Starlink étaient impliqués dans près de 60 % des alertes de collisions déclenchées lorsque deux satellites se croisent à 1 kilomètre de distance ou moins, soit 1 600 rapprochements jugés dangereux par semaine. En juillet 2023, SpaceX admettait avoir effectué environ 25 000 manœuvres d'évitement en six mois, entre le 1er décembre 2022 et le 21 mai 2023, soit 135 manœuvres par jour ! Si SpaceX maintient son objectif de déployer les 12 000 satellites qui composeront la première et une partie de la deuxième génération de la constellation, Hugh Lewis prévoit que les Starlink seront impliqués dans 90 % de tous les croisements de satellites à moins de 1 kilomètre. L'expert européen ne s'est même pas aventuré à imaginer le cas d'une constellation composée de… 30 000 satellites !

La sécurité des personnes en question

Les opérateurs de satellites ne sont pas les seuls concernés par la problématique des débris spatiaux. Afin d'éviter que les derniers étages des fusées ne restent trop longtemps dans les zones fréquentées des orbites basses et géostationnaires, les experts préconisent aux opérateurs de lancement d'assurer des rentrées contrôlées dans l'atmosphère, une fois la mission achevée. Cette manœuvre suppose d'avoir conservé suffisamment de carburant pour rallumer les moteurs de l'étage au moment opportun. La majeure partie des structures devraient alors se consumer, mais si d'aventure certains matériaux étaient amenés à résister à la traversée de l'atmosphère, les opérateurs doivent s'assurer que les éventuels débris ne présentent aucun risque pour les avions et retomberont dans les océans plutôt que sur des zones habitées. En France, la loi relative aux opérations spatiales, adoptée en 2008, reprend strictement ces recommandations. C'est l'une des législations les plus restrictives au monde en la matière, de sorte qu'en développant le nouveau lanceur Ariane 6, les industriels ont dû intégrer dans le cahier des charges la rentrée contrôlée du dernier étage dans l'atmosphère, rendue possible grâce à une nouvelle capacité de rallumage des moteurs.

On aimerait dire qu'il en est de même dans les autres pays. Or, une équipe de chercheurs canadiens a révélé dans un article paru dans *Nature Astronomy* le 11 juillet 2022 qu'aujourd'hui encore, dans plus de 60 % des lancements les étages supérieurs des fusées sont abandonnés en orbite, où ils tourneront autour de la Terre pendant des jours, des mois ou des années avant de retomber lentement dans l'atmosphère de façon incontrôlée. Des événements récents rappellent effectivement que le respect des normes internationales ne fait pas partie des priorités de tous.

Le 24 juillet 2022, une fusée Longue Marche 5B s'élance dans les airs pour acheminer le deuxième des trois modules de la nouvelle station spatiale 100 % chinoise. Problème : l'étage principal de la fusée, ayant franchi les limites de l'espace, se met à tourner autour de la Terre à 27 400 kilomètres par heure avant que la gravité ne l'amène lentement à redescendre dans l'atmosphère, suivant une trajectoire aléatoire. Or, les experts estiment que ce bolide de 30 mètres de long, 5 mètres de diamètre et d'une masse de 21 tonnes ne peut pas entièrement brûler dans l'atmosphère : entre 5 et 6 tonnes « survivront » à la traversée pour venir s'écraser sur Terre. De quoi provoquer des sueurs froides dans la communauté scientifique, qui est alors incapable de prédire précisément le point de chute des débris en raison notamment des variations de densité des couches de l'atmosphère. Selon les calculs, le crash peut avoir lieu sur un long corridor allant de la Californie au Japon en passant par l'Amérique du Sud et l'Afrique du Sud. Heureusement, l'engin « rentre » finalement le 30 juillet à 18 h 45 au-dessus de l'océan Indien. Les vidéos de la désintégration du bolide dans le ciel – impressionnantes, sinon inquiétantes – font le tour des réseaux sociaux. Restée très discrète jusque-là, la Chine finit par communiquer quelques jours plus tard les coordonnées géographiques précises de l'impact des débris sur Terre, soit dans la mer de Sulu... à moins de 60 kilomètres des côtes de l'île de Palawan ! Un drame évité de justesse, qui n'empêche pas les agences de presse chinoises de saluer la « fin [des] spéculations des médias occidentaux ».

La Chine est une habituée de ce genre de frayeur. En mai 2021, déjà, la redescente incontrôlée dans l'atmosphère de l'étage principal d'une Longue Marche 5B, finalement tombé dans l'océan au nord des Maldives, avait fait les gros titres des journaux et déclenché une nouvelle passe d'armes avec son principal adversaire. « Les nations menant des activités spatiales doivent minimiser les risques [que font courir] aux personnes et aux biens sur Terre les rentrées des objets spatiaux et maximiser la transparence en ce qui concerne ces opérations, avait déclaré le patron de la NASA Bill Nelson dans un communiqué. Il est clair que la Chine ne parvient pas à satisfaire aux normes de responsabilité en ce qui concerne ses débris spatiaux. » Un « battage éhonté », selon le journal chinois *Global Times* qui, dans un éditorial, avait estimé « gravement anti-intellectuel de prétendre que les débris des fusées chinoises sont particulièrement dangereux ». Si chacun sait que la surface terrestre est effectivement composée à 70 % d'océans, cela n'a cependant pas empêché les débris d'un autre étage d'une Longue Marche, envoyée dans l'espace un an auparavant, de s'écraser sur des villages en Côte d'Ivoire, provoquant des dégâts matériels mais sans faire de blessés. Ni qu'un cylindre d'environ 15 mètres cubes, appartenant probablement à une fusée indienne, se retrouve échoué sur une plage dans l'ouest de l'Australie en juillet 2023. La réaction offusquée de la Chine est d'autant plus indécente que les premiers étages de ses fusées, séparés avant d'avoir atteint l'espace, finissent généralement en chute libre à 800 kilomètres du pas de tir, détruisant des routes ou rasant parfois des habitations entières.

Avec l'augmentation conjointe du nombre de lancements spatiaux et de la population mondiale, l'étude canadienne estime que, si rien n'est fait du côté des opérateurs de lancement, le risque qu'une rentrée incontrôlée d'un morceau de fusée provoque des dégâts humains passerait à un sur dix au cours des dix prochaines années. Pis : les débris retombent essentiellement dans les zones équatoriales de la planète, où se concentrent une majorité de pays pauvres. Les auteurs de l'étude accusent les États spatiaux et les entreprises privées d'exporter délibérément les risques vers le reste du monde afin de ne « pas assumer les coûts accrus » qu'entraîneraient des technologies plus vertueuses. « Les gouvernements nationaux dont les populations sont mises en danger devraient exiger que les principaux États spatiaux agissent, ensemble, pour imposer des rentrées contrôlées de fusées [et prévoir] des conséquences significatives en cas de non-conformité. » De fait, aux États-Unis, l'US Air Force a accordé des dérogations vis-à-vis des exigences de sûreté des réentrées pour 37 des 66 lancements réalisés pour elle entre 2011 et 2018, essentiellement en raison des coûts.

Les perspectives pour le futur

L'urgence d'édicter des règles claires au niveau international n'est pas un caprice d'activiste aimant agiter le chiffon rouge. Conférence après conférence, sommet après sommet, responsables industriels ou d'agences nationales voire responsables politiques consacrent systématiquement une partie de leurs échanges à ces questions. Le sujet a été abordé le 13 juin 2021 pendant le sommet du G7 qui a appelé à prendre des actions concrètes dans un futur proche. Les 11, 12 et 13 novembre de la même année, le Forum de Paris sur la paix a largement pris le temps d'aborder la question de la protection de l'environnement spatial à travers le projet « Net Zero Space », une sorte de charte éthique visant la stabilisation du nombre de débris en orbite basse à l'horizon 2030, à l'instar des objectifs de neutralité carbone affichés par d'autres secteurs industriels.

À Toulouse, le 16 février 2022, Emmanuel Macron a fait de la protection de l'espace l'un des quatre piliers de la stratégie spatiale européenne : « L'enjeu est aussi de faire de l'espace un lieu de protection d'un bien commun par la promotion de standards de régulation. À ce titre, la gestion du trafic spatial figure parmi nos priorités. [...] Nous définirons un modèle européen [...] qui puisse ensuite être partagé par les autres puissances, voire progressivement s'imposer comme nous l'avons fait, par exemple, dans le numérique. [...] L'espace, en effet, ne peut pas être une zone de non-droit. Nous avons trop d'intérêts en jeu sur le plan économique, sur le plan souverain de la continuité du fonctionnement de beaucoup de nos services publics ou sur le plan militaire. L'espace est un bien commun de l'humanité qui, pour continuer à l'être, doit être sorti des seules logiques de marché et de puissance et être régulé. Or, aujourd'hui, [...] nous sommes dans une logique de faits où s'imposent parfois, les provocations, les actes unilatéraux, en tout cas, les choix faits par certains et en quelque sorte, nous les subissons et réagissons. »

Avec 2 409 nouveaux satellites mis en orbite en 2022, un record absolu qui ne cessera d'être battu dans les prochaines années, on est en droit de douter de la capacité des États à réguler le nombre de débris avant qu'il ne soit trop tard. Et même si des règles strictes encadraient le déploiement de nouveaux satellites en orbite ou que nous cessions toute activité spatiale du jour au lendemain, la quantité d'objets spatiaux continuerait de croître à la faveur de collisions accidentelles. La seule solution consiste alors à nettoyer dès aujourd'hui le bazar engendré dans l'espace pendant des décennies. Ainsi, un nouveau marché des satellites spécialement dédiés aux opérations de maintenance et de nettoyage en orbite est en train d'émerger.

Le 9 octobre 2019 puis le 15 août 2020, deux satellites d'un nouveau genre rejoignent l'orbite géostationnaire. Comme leur nom l'indique, MeV-1 et MeV-2 – pour Mission Extension Vehicle – n'ont pas pour vocation à envoyer des signaux vers la Terre, mais plutôt à prolonger la mission d'un satellite de télécommunications arrivé à court de carburant. Tel un camion remorque, les modules MeV s'approchent du satellite en fin de vie, s'y amarrent grâce à des bras robotisés, et lui fournissent de quoi rester en place pendant cinq années. Après quoi les MeV se détachent du satellite, se déplacent sur l'arc géostationnaire à la rencontre d'un nouvel engin en fin de vie afin de lui apporter à son tour un dernier coup de pouce, avant de se diriger vers une autre cible. Les MeV représentent une solution intelligente pour éviter aux opérateurs d'avoir à construire et déployer de nouveaux satellites. À terme, ce type de véhicule spatial pourrait être en mesure d'effectuer un véritable ravitaillement de satellites en orbite, tel un camion-citerne, voire de réaliser des opérations de réparation de satellites tombés en panne.

Principalement focalisé sur l'orbite géostationnaire, ce marché pourrait être rapidement étendu à l'orbite basse afin de gérer des opérations de maintenance ou de sauvetage de petits satellites composant les constellations. Mais d'autres acteurs imaginent nettoyer littéralement l'espace en accélérant la retombée des débris dans l'atmosphère afin qu'ils s'y désagrègent, ou en les dégageant vers les orbites cimetière. En décembre 2020, l'Agence spatiale européenne octroie un contrat de 86 millions d'euros à la start-up suisse ClearSpace pour l'enlèvement d'un débris d'une centaine de kilos. Le défi technologique d'une telle mission, prévue en 2026, est plus complexe qu'il n'y paraît. Baptisée ClearSpace-1, cette sorte de camion-benne devra synchroniser son mouvement sur celui du débris, qui tourne sur lui-même et suit une trajectoire de dérive. Arrivé à proximité de sa cible, le module ouvrira puis refermera ses quatre bras robotisés sur le déchet spatial avant de le précipiter dans l'atmosphère, où il se consumera naturellement. Preuve que le secteur spatial est déjà engagé dans une course contre la montre, de récentes observations révèlent que le débris visé – un ancien morceau d'une fusée Vega – a lui-même été percuté par un tout petit objet non identifié. De nouveaux débris flottent désormais à proximité, rendant la mission encore plus complexe que prévu…

D'autres solutions plus ou moins farfelues ont été imaginées par les scientifiques. Fin décembre, la Jaxa envoyait avec succès un module cargo destiné à ravitailler l'ISS en vivres et en équipements techniques. Détaché de la station fin janvier, le module débutait sa lente descente vers l'atmosphère. Mais la Jaxa avait une autre mission pour le vaisseau cargo lors de cette phase finale de désintégration : emmener avec lui des débris spatiaux. Pour cela, il était équipé d'une « longe électrodynamique », sorte de câble en acier et en aluminium de 700 mètres de long et de 30 centimètres de large, fonctionnant comme un aimant. En se chargeant en électricité, cette « corde » devait utiliser le champ magnétique qui entoure la Terre pour attirer, par électromagnétisme, des petits débris sur son passage, afin de les ralentir et ainsi accélérer leur chute. Malheureusement, le câble ne s'est pas déployé et a été précipité dans l'atmosphère avec le module cargo, coup dur pour l'Agence japonaise qui avait déjà fait part de son intention de déployer par la suite des longes de 5 à 10 kilomètres de long.

En septembre 2019, l'Agence spatiale européenne réalisait une première mondiale en testant trois techniques de désorbitation d'objets spatiaux à la fois. Pour cette mission de démonstration baptisée RemoveDebris, un satellite de 100 kilos a relâché dans l'espace deux petits satellites destinés à simuler des débris spatiaux. Le premier a été capturé avec succès par une sorte de filet semblable à un filet de pêche, constitué de matériaux ultrarésistants. Le second a été correctement frappé par un harpon et ramené vers le « satellite-benne ». Enfin, ce dernier a déployé une voile afin d'accélérer la retombée de l'ensemble dans l'atmosphère.

En 2018, des chercheurs chinois imaginaient quant à eux envoyer en orbite autour de la Terre des machines générant des faisceaux lumineux laser, afin de détruire un à un les débris de moins de 10 centimètres, ou bien détourner d'autres débris plus volumineux pour les précipiter dans l'atmosphère.

Tous ces projets d'élimination des débris en orbite sont coûteux, et seront nécessairement portés par la puissance publique. Mais quel pays acceptera de mettre en premier la main à la poche ? Les États-Unis, principaux responsables de l'accumulation des objets en orbite basse ? L'Europe, forte de ses valeurs, principale voix en faveur d'un espace durable et responsable ? Là aussi, une coordination à l'échelle internationale est indispensable. Le temps presse : au-delà des risques de collision, les débris font porter une menace inédite sur la qualité d'observation du cosmos.

4.
La menace des satellites pour l'observation du ciel

Une luciole dans le ciel

Tout bon citadin qui se respecte l'admettra volontiers : les soirs d'été, on passe généralement plus de temps avec des amis dans un parc ou assis à la terrasse d'un café qu'allongé sur une pelouse à regarder les étoiles. D'abord, parce que les parcs sont souvent pris d'assaut pour des apéros improvisés lorsque le mercure impose de tomber la veste. Surtout, on risquerait d'être fortement déçu par le spectacle cosmique, gâché qu'il est par la pollution lumineuse. En effet, le moindre éclairage urbain, des lampadaires aux vitrines illuminées en passant par les phares des voitures, participe à augmenter la luminosité environnante. Dans ces conditions, les étoiles se retrouvent très vite noyées dans un bain de lumière diffuse.

Jusqu'ici, il suffisait de partir s'isoler à la campagne, au milieu d'un désert, au cœur d'une forêt vierge ou au sommet d'une montagne pour observer la Voie lactée dans toute sa splendeur. C'est d'ailleurs la stratégie adoptée par tous les observatoires astronomiques à travers la planète. Ainsi, le Gran Telescopio Canarias, le plus grand télescope optique du monde, est situé sur l'île de La Palma, aux Canaries, à 2 396 mètres d'altitude. Le Grand télescope d'Afrique australe (SALT selon son acronyme en anglais) a pris racine dans le désert du Kalahari, à l'abri des grandes villes d'Afrique du Sud. Les télescopes jumeaux Kecks sont logés sur le mont Mauna Kea de l'île d'Hawaï, à 4 145 mètres d'altitude. Le Très Grand Téléscope (VLT) européen a été délocalisé dans le désert d'Atacama au nord du Chili tandis que le télescope optique américain Vera-C.-Rubin est en cours de construction au sommet de la montagne Cerro Pachón, dans la cordillère des Andes. Il existe même une association internationale dédiée à la nuit noire, l'International DarkSky Association, chargée d'identifier et de certifier les « sanctuaires » nocturnes aux quatre coins du monde. Ces terrains publics ou privés sont reconnus pour la « qualité exceptionnelle ou caractéristique de leurs nuits étoilées », nécessitant d'être protégés pour leur « valeur scientifique, naturelle, éducative ou patrimoniale et/ou afin de permettre leur accessibilité au public ».

Cette stratégie de l'isolement risque de ne bientôt plus suffire. Car une nouvelle forme de pollution lumineuse est en train de voir le jour avec la prolifération des satellites et des débris en orbite basse. Les plus petits comme les Starlink de SpaceX peuvent facilement réfléchir les rayons du Soleil, en particulier à la tombée de la nuit ou au lever du jour, générant d'incessants flashs lumineux. Tous ne sont pas forcément visibles à l'œil nu. En revanche, ils participent à une augmentation générale de la luminosité du ciel. Où que l'on se trouve sur Terre, en plein désert ou au milieu d'un océan, il n'y a désormais plus aucun moyen d'échapper à cette pollution lumineuse directement issue de l'orbite basse. Tenter de débusquer des phénomènes cosmiques revient alors à regarder son téléphone portable à contre-jour.

Dans un article publié dans la revue *Nature Astronomy*, des chercheurs américains et européens ont estimé que, depuis le début de la conquête spatiale en 1957, le million de débris spatiaux de plus de 1 centimètre a contribué à une augmentation de 10 % de la luminosité du ciel au zénith, situé à la verticale d'un observateur. Ces petits objets sont particulièrement problématiques, car très difficiles à détecter individuellement : les instruments les plus élaborés seront incapables de supprimer la lumière diffuse qu'ils génèrent des données astronomiques. Par ailleurs, même si nous cessions de déployer de nouveaux satellites en orbite, ces débris resteront en mouvement autour de la Terre pour des décennies et des décennies.

Afin d'illustrer l'effet nocif de la pollution lumineuse, les auteurs de l'article prennent un exemple qui parlera à chacun, en particulier aux adeptes des films catastrophes tel que *Don't Look Up* d'Adam McKay. En 2013, la météorite de Tchelyabinsk, d'une quinzaine de mètres de diamètre et de 12 000 tonnes, s'est fragmentée dans le ciel au sud de l'Oural. C'est le plus gros bolide échoué sur Terre depuis 1908. Or, il n'a été détecté qu'au moment d'entrer dans l'atmosphère terrestre, créant une onde de choc suffisante pour faire tomber des murs et blesser près d'un millier de personnes. Cette détection tardive était en partie due à sa position dans le ciel, à proximité du Soleil, dans les jours et les heures ayant précédé l'impact, ce qui empêchait de le voir venir. Ce type d'évènement sera d'autant plus difficile à prévenir que les débris et les satellites augmenteront la brillance du ciel.

Pour les grands observatoires terrestres, cette hausse de la luminosité nocturne revient à augmenter le temps d'exposition nécessaire pour acquérir un signal, comme on allonge le temps de pose d'un appareil photo pour compenser le manque de lumière et capturer des scènes dans l'obscurité. Ennuyeux, dans un contexte où les chercheurs se battent déjà pour obtenir un peu de temps d'observation sur les télescopes. À temps d'exposition égal, les astronomes passeront à côté de certains phénomènes astrophysiques peu visibles, qui se retrouveront noyés dans un bain de lumière diffuse.

La grande marche de la science ne sera pas la seule à marquer le pas. Notamment, les scientifiques commencent à connaître les conséquences de la pollution lumineuse sur le vivant. La lumière artificielle trouble les rythmes biologiques et engendre des perturbations endocriniennes, hormonales et reproductrices de nombreuses espèces tout en modifiant les déplacements et le sens de l'orientation des individus. La lumière artificielle est ainsi la deuxième cause d'extinction des insectes après les pesticides. En particulier chez les papillons de nuit, qui s'épuisent à tourbillonner autour d'un lampadaire qu'ils confondent avec la Lune. Ou encore chez les lucioles, dont les signaux lumineux, censés favoriser la rencontre des partenaires, ne sont plus reconnaissables parmi l'éclairage urbain. Qui peut prédire les conséquences d'une nuit un peu moins noire sur le vivant ?

L'humanité tout entière subira les conséquences de cette nouvelle forme de pollution lumineuse. Les chercheurs estiment qu'un doublement de la brillance du ciel au zénith par rapport à la normale réduit de 30 % le nombre d'étoiles visibles à l'œil nu, et de moitié le nombre d'étoiles filantes observables. La Voie lactée deviendra plus difficile à distinguer, tout comme les aurores boréales ou tout autre phénomène nocturne luminescent. Or, observer la Voie lactée, les étoiles individuelles ou les nébuleuses faiblement brillantes joue un rôle essentiel dans certaines cultures indigènes, notamment dans l'hémisphère sud.

J'ai eu l'occasion de faire une enquête pour le magazine *Ciel & Espace*, sur la façon dont un cratère d'impact météoritique avait été retrouvé par un étudiant en thèse... grâce à des légendes aborigènes ! La population Arrernte, installée dans une zone reculée du Territoire du Nord, en Australie, a en effet l'habitude de se transmettre oralement, de génération en génération, des contes célestes fondés sur des faits réels. L'un d'eux raconte l'histoire d'une étoile tombée dans un plan d'eau appelé Puka, au cœur de la vallée où vivait Kulaia, le serpent. En suivant ces indications, le jeune chercheur s'est rendu à 130 kilomètres au sud-ouest d'Alice Springs, où il a découvert une légère dépression... le fameux cratère en question, inconnu de la science jusqu'alors. Ce n'est pas la première fois que des observations faites dans des temps anciens et consignées sous la forme de contes ou d'écrits aident les chercheurs modernes à reconstituer l'histoire de phénomènes astrophysiques. La célèbre nébuleuse du Crabe, par exemple, est constituée des débris éjectés lors de l'explosion d'une étoile, ou supernova, dont on sait maintenant qu'elle a été observée il y a bientôt mille ans, en 1054, dans les mondes chinois et arabe. Une hausse de la luminosité du ciel signifiera-t-elle que, demain, nos descendants ne pourront plus compter sur nos témoignages pour reconstituer l'histoire du cosmos ?

L'impact est donc scientifique, sociétal, anthropologique, environnemental, mais aussi... financier. L'observatoire Vera-C.-Rubin, qui doit entrer en service en 2024, a fait l'exercice. En prenant comme hypothèse une augmentation de 7,5 % de la brillance du ciel d'ici 2030, les chercheurs estiment qu'un programme d'observation initialement prévu sur dix ans devra en durer... onze pour obtenir des résultats d'une qualité équivalente. Coût total de cette prolongation d'une année : près de 22 millions de dollars ! Sans doute une broutille pour un Elon Musk, mais colossal pour la recherche publique, déjà victime de coupes budgétaires à répétition. La situation ne risque pas de s'améliorer. En déployant autant de satellites, le risque de collisions susceptibles de générer de nouveaux débris n'a jamais été aussi élevé. En l'absence de régulation, l'augmentation de la brillance générale du ciel est bien partie pour durer.

Astronomie : les satellites gâchent la fête

Fin 2020, une équipe chinoise affirmait avoir observé trois ans plus tôt, à l'aide des deux télescopes Keck d'Hawaï, une explosion cosmique très brève issue d'une galaxie lointaine, GN-z11. Appelé « sursaut gamma », ce phénomène particulièrement rare peut être provoqué par l'effondrement d'une étoile en fin de vie, ou par la fusion de deux étoiles. Les résultats sont publiés dans *Nature*, suggérant que le sursaut gamma a pu être produit 420 millions d'années après le Big Bang. Sauf que ce genre de phénomène aléatoire ne dure que quelques millisecondes, voire quelques secondes. Les chances de pointer le télescope au bon endroit et au bon moment sont d'une sur… 10 milliards ! Autant remplir une grille du loto… En réalité, le télescope hawaïen a plutôt croisé la route d'un vieux débris métallique. En faisant le tri parmi les dizaines de milliers de plus gros déchets spatiaux, une équipe polonaise a montré qu'un vieux booster ayant appartenu à une fusée russe Proton, lancée en 2015, était justement passé à proximité de l'endroit où le phénomène a été observé.

C'est ce genre d'interférence lumineuse que de nombreux astronomes redoutent avec la multiplication des satellites

Starlink. Le 22 novembre 2019, la Terre traversait la zone poussiéreuse d'une comète, faisant entrer de nombreuses particules dans l'atmosphère. Assez rares, ces pluies d'étoiles filantes sont particulièrement attendues par les amateurs d'astronomie. Malheureusement, le spectacle a quelque peu été gâché par des traits lumineux, semblables à des étoiles filantes, correspondant au passage en file indienne des satellites Starlink dans le ciel nocturne. Sur une vidéo publiée par l'université canadienne Western Ontario, on voit distinctement plusieurs dizaines d'engins Starlink faire irruption sur les clichés. Un « photobombage » en règle qui a passablement énervé la communauté.

Les exemples se multiplient à mesure que le nombre de satellites ne cesse de croître. Fin janvier 2022, des chercheurs ont analysé les images recueillies par l'observatoire américain Zwicky Transient Facility (ZTF), près de San Diego, entre novembre 2019 et septembre 2021, c'est-à-dire au tout début du déploiement des satellites Starlink. Cet instrument recueille des images d'objets cosmiques tels que des supernovæ et des astéroïdes géocroiseurs. Résultat : les Starlink sont désormais présents sur 20 % des clichés capturés à l'aube ou au crépuscule, sous la forme de stries. En 2019, seulement 0,5 % des images crépusculaires étaient affectées. Si SpaceX poursuit son déploiement frénétique, les scientifiques prévoient qu'à l'avenir presque toutes les images crépusculaires prises au ZTF contiendront au moins une traînée. De son côté, l'observatoire Vera-C.-Rubin estime que les Starlink pollueront au minimum 30 % des images qu'il prendra du ciel. Cas encore plus concret, le télescope géant pense qu'en pointant son œil vers le nuage de Magellan, cible privilégiée des astronomes, un satellite lui passera devant toutes les... 30 secondes !

Plus grave encore, ce phénomène ne concerne pas seulement les télescopes terrestres. Dans une récente étude publiée le 20 mars 2023 dans *Nature Astronomy*, des astronomes amateurs ont analysé les images collectées entre 2002 et 2021 par le télescope spatial Hubble, en orbite autour de la Terre depuis 1990, à 540 kilomètres d'altitude. L'intérêt d'envoyer un télescope dans l'espace consiste justement à le protéger de la pollution lumineuse terrestre. Même prises en orbite, près de 3 % des images de Hubble contiennent au moins une traînée générée par un satellite. Si Elon Musk continue de saccager l'orbite basse, 20 à 50 % des clichés du télescope pourraient en être affectés.

Les satellites Starlink constituent également une menace pour l'astronomie consacrée non pas à la lumière visible, perceptible à l'œil nu, ou infrarouge, mais à la détection des ondes radio venues du fin fond du cosmos, de puissance généralement faible. Pour les débusquer, d'immenses radiotélescopes ont été construits aux quatre coins du monde, dans des endroits isolés des interférences d'origine humaine. La radioastronomie a par exemple apporté des contributions majeures à la connaissance de la structure de notre galaxie, de la composition et l'évolution des nuages de gaz interstellaires ou encore à l'analyse du fond diffus cosmologique, cet écho du Big Bang. Or, un satellite communique justement avec la Terre en émettant des signaux dans le domaine radio. Le passage de satellites Starlink au-dessus de ces radiotélescopes génère inévitablement des interférences. Dans le pire des cas, les émissions radio des Starlink peuvent endommager, voire détruire, certains détecteurs radioterrestres particulièrement sensibles.

La communauté internationale en ordre de bataille

Dès le début 2020, alors que seules quelques centaines de Starlink avaient été déployées en orbite basse, trois astronomes italiens des observatoires de Rome, Brera et Trieste appelaient la communauté internationale à se dresser contre « la menace d'empêcher l'accès à la pleine connaissance du cosmos et la perte d'une richesse intangible d'une valeur incommensurable pour l'humanité ». Pour les chercheurs italiens, une seule solution : qu'un gouvernement quelconque, celui de l'Italie ou de la France, poursuive les États-Unis devant la Cour internationale de justice, afin d'empêcher le déploiement de tels projets. « Puisque les satellites Starlink peuvent changer d'orbite de façon autonome, il est impossible de programmer des observations qui les éviteraient », écrivaient-ils dans un article publié sur arXiv. « Le préjudice ici est l'atteinte à notre patrimoine culturel, le ciel nocturne, et les dommages financiers dus à la perte de la radio et d'autres types d'astronomie. » Selon les auteurs de l'article, l'accès au ciel nocturne est un droit aussi fondamental que celui « de respirer de l'air non pollué, de boire de l'eau potable ou de dormir dans un environnement calme ».

De nombreuses pétitions circulent régulièrement depuis, initiées par le grand public ou des astronomes, amateurs comme professionnels. Dans son édition de mars 2023, la revue *Nature Astronomy* a consacré un large dossier à ce sujet. Des chercheurs espagnols, italiens et portugais ont appelé la communauté internationale à s'organiser et agir pour « arrêter cette attaque » venue du ciel. Pour eux, la notion de « polluant anthropique » telle que définie par les Nations unies en 1979 doit s'appliquer à l'espace : « La "pollution de l'air" signifie l'introduction par l'homme, directement ou indirectement, d'une substance ou d'une énergie dans l'air conduisant à des effets délétères de nature à mettre en danger la santé humaine, porter atteinte aux ressources vivantes, aux écosystèmes et aux biens matériels et altérer ou interférer avec les commodités et autres utilisations légitimes de l'environnement. » Or, la lumière peut être vue comme de l'énergie et, du fait du *continuum* entre la Terre et l'espace, l'orbite basse peut s'apparenter à l'environnement humain.

Se montrant assez pessimistes dans la capacité de la communauté scientifique et politique à réagir à temps, ils rappellent ce qui s'est passé lorsque la recherche a découvert les effets nocifs du tabac, des pluies acides, du réchauffement climatique ou encore des opioïdes. « À chaque fois que [ces] problèmes ont été soulevés dans la littérature scientifique, la "fabrique du doute" a été mise en marche par les pollueurs afin d'arrêter, ou au moins retarder de plusieurs années ou décennies, l'adoption de contremesures et de règles pour protéger la santé humaine et l'environnement. »

Dans un accord conclu en janvier 2023 avec la National Science Foundation américaine, SpaceX s'est tout de même engagé à réduire la brillance des nouveaux Starlink. SpaceX assure par ailleurs qu'il arrêtera les transmissions quand les satellites passeront au-dessus d'un radiotélescope, pour éviter les interférences. Peu après le début du déploiement de sa constellation, Elon Musk avait déjà été contraint de revoir la conception des satellites pour diviser par deux leur pouvoir de réflexion. Force est de constater que cela n'a pas suffi… Pour Samantha Lawler, professeure adjointe d'astronomie à l'université de Regina, un point lumineux sur quinze dans le ciel ne correspondra pas dans un avenir proche à une étoile mais à un satellite. De sorte que, demain, en levant le nez au ciel, nous nous interrogerons sans cesse sur l'origine naturelle ou humaine des évènements cosmiques dont nous sommes témoins.

5.
La militarisation de l'espace

Un idéal de paix

Pour beaucoup, l'espace est avant tout le théâtre d'une compétition entre superpuissances. Nous avons tous en tête la course à l'espace entre les États-Unis et l'URSS dans les années 1950-1960. Le coup de maître de l'Union soviétique avec la toute première mise en orbite d'un satellite, Spoutnik, en 1957. Le premier voyage de Youri Gagarine le 12 avril 1961. La réplique américaine avec les pas de Neil Armstrong et de Buzz Aldrin sur la Lune en 1969. En Europe, le programme Ariane est notamment lancé au début des années 1970 pour des raisons de souveraineté. En effet, en 1974, le satellite franco-allemand de télécommunications Symphonie est lancé depuis le centre spatial Kennedy à bord d'une fusée américaine. La Maison-Blanche réussit alors à imposer une clause de non-concurrence, interdisant toute utilisation commerciale de l'engin, lequel doit se cantonner à des missions d'expérimentation. Un électrochoc pour les responsables politiques du Vieux Continent, qui comprennent l'importance d'être autonomes dans leur accès à l'espace. Difficile, avec tous ces exemples, de ne pas réduire la conquête spatiale à des démonstrations de force et au repli des nations, plutôt qu'à des mains tendues.

Pourtant, l'esprit d'innovation dont a fait preuve la communauté du spatial concerne aussi sa capacité à imaginer des alliances et des modèles de coopération hors normes. « Que la coopération internationale dans le domaine spatial se soit aussi rapidement développée depuis huit ans n'est pas sans être quelque peu paradoxal », écrivait d'ailleurs *Le Monde Diplomatique* en juillet 1966, dans un dossier particulièrement éclairant publié en plein développement du programme Apollo. « Personne en 1957 ne se serait [...] risqué à affirmer qu'une collaboration s'établirait entre les pays et qu'elle démarrerait rapidement sans se heurter à trop de difficultés. » Des extraterrestres qui seraient passés à proximité de la planète Terre en auraient perdu leur latin. Tandis que, sur Terre, Américains et Soviétiques continuent de s'affronter par nations interposées comme au Vietnam, les deux blocs initient le tout premier Traité sur l'espace, qui continue de servir de référence réglementaire aujourd'hui. Dans ce microcosme, les équipes américaines et russes s'échangent des courriers ou se côtoient dans les salons et les conférences, sous l'œil méfiant des politiques et des espions. Des relations d'amitiés se nouent, on apprend à connaître les cultures respectives. Lors de la catastrophique mission Apollo 13 de 1970, l'URSS propose son aide aux Américains, tandis que les astronautes d'Apollo 15 déposent un an plus tard une plaque sur la Lune où figurent les noms des pionniers morts pour la conquête spatiale, sur laquelle sont gravés ceux de six cosmonautes soviétiques.

Rapidement après l'arrêt du programme Apollo en 1972, la NASA finit d'ailleurs par proposer une mission conjointe à l'URSS. En 1975, un vaisseau américain Apollo et un vaisseau russe Soyouz se rejoignent pour la première fois dans l'espace, à 225 kilomètres d'altitude. Pour préparer cette rencontre, dont l'objectif est de démontrer la possibilité d'un sauvetage d'un équipage par l'une ou l'autre des superpuissances en cas d'incident en apesanteur, les équipes techniques américaines et soviétiques ont renforcé leurs liens. Elles ont appris à travailler ensemble, se sont initiées à la langue de l'autre, ont cherché des solutions à des problèmes très concrets, tels que les conditions d'air et de pression dans les modules habités ou les dispositifs d'approche et d'arrimage des deux vaisseaux qui répondaient à des logiques radicalement différentes.

Dans le vaisseau Soyouz, les cosmonautes respiraient un mélange d'oxygène et d'azote à la pression similaire à l'atmosphère au sol, tandis que dans le vaisseau Apollo, les astronautes respiraient de l'oxygène pur à une pression équivalant à un tiers de celle régnant à la surface terrestre. Par ailleurs, comme pour les prises électriques composées d'une fiche « femelle » chargée de recevoir le courant électrique de la part d'un connecteur « mâle », les modules d'amarrage dans l'espace répondent eux aussi à une terminologie genrée. Cette problématique tout à fait anodine a fait l'objet de tractations diplomatiques hallucinantes pour qu'aucun des deux modules ne soit désigné comme « femelle » au moment de leur emboîtement dans l'espace. Il a finalement été décidé qu'Apollo embarquerait une pièce d'adaptation « hermaphrodite », nommée « système d'amarrage périphérique androgyne », qui servirait aussi de sas entre les deux véhicules. Une neutralité de genre avant l'heure.

C'est ainsi que, moins de vingt ans après le coup d'envoi de la conquête spatiale, se produit dans l'espace un événement symbolique du lent rapprochement entre l'Est et l'Ouest, là où les points cardinaux perdent tout leur sens. Le 17 juillet 1975, après deux jours de voyage, les modules Apollo et Soyouz s'emboîtent sans aucune difficulté au-dessus de la France. Grâce au sas étroit qui unit les deux capsules, l'astronaute Thomas Stafford et le cosmonaute Alexis Leonov immortalisent devant un appareil photo une poignée de main historique – on notera que, dans les journaux russes, Alexis Leonov apparaît « au-dessus » de son confrère Thomas Stafford, et « au-dessous » dans les journaux américains. Échange de cadeaux. Émotion réelle des astronautes. Appels présidentiels, visites « en direct » dans une capsule, puis dans l'autre. Petites expériences de physique spatiale, de médecine, de chimie et de biologie réalisées ensemble. Échange et partage de repas, avant les au revoir et le retour sur Terre.

Il est finalement assez intuitif de comprendre pourquoi l'espace occupe une telle place dans les coopérations internationales. De par sa nature, le vide cosmique ne connaît pas les délimitations propres aux frontières terrestres. Les satellites qui tournent autour de la Terre ou les sondes qui sont envoyées aux confins du système solaire peuvent arborer le drapeau d'une nation, mais ils perdent leur ancrage territorial dès lors qu'ils franchissent les limites de l'atmosphère. C'est la raison pour laquelle l'espace, sorte de zone vierge, est immédiatement considéré comme patrimoine commun de l'humanité dans le Traité sur l'espace de 1967. Telle l'eau qui coule entre les doigts, nul ne peut se l'approprier, au sens propre comme au sens figuré. Cet état de fait nécessite une coopération, tout du moins une entente internationale. Tous les astronautes ayant voyagé dans l'espace ou séjourné à bord des différentes stations spatiales l'attestent : observer la Terre dans son ensemble fait, sans mauvais jeu de mots, prendre de la hauteur. Vue de là-haut, suspendue dans le vide obscur, la Terre est une oasis qui renvoie chacune et chacun à un destin commun, sans distinction d'origine. C'est un sentiment puissant qu'il convient de ne pas négliger pour comprendre la fascination que l'espace procure parmi nous.

Par ailleurs, l'hostilité du milieu spatial est inouïe et nécessite une maîtrise technologique aussi extrême que coûteuse. Peu de nations peuvent se permettre d'assumer à elles seules de tels investissements. Nous l'avons vu, au plus fort de la course à la Lune, en 1966, les États-Unis ont consenti à débloquer jusqu'à 4,41 % de leur budget fédéral à cette fin. Le soufflé vite retombé, la NASA n'a eu d'autre choix que d'imaginer différents modèles de coopération pour mener à bien ses ambitions. Les télescopes spatiaux qui ont bouleversé notre compréhension de l'Univers en observant ses profondeurs, de Hubble au James Webb, ont été développés sous plusieurs bannières. Les sondes d'exploration martienne les plus récentes embarquent des instruments venus de plusieurs pays. Sur le vieux continent, le programme Ariane a souvent été présenté, à juste titre, comme l'exemple rare d'une Europe qui fonctionne, capable de mettre de côté ses différences au profit d'objectifs ambitieux. Le début de la construction, en 1998, de la Station spatiale internationale a consacré cette ère de la coopération dans l'espace. Pour la première fois dans l'histoire humaine, Américains, Russes, Européens, Japonais et Canadiens se sont unis pour mettre au point un véritable laboratoire scientifique tournoyant à 400 kilomètres au-dessus de nos têtes. Depuis vingt-cinq ans, ce lieu de coopération internationale semble insensible aux conflits. Au point que les astronautes de la NASA ont décidé, dans les années 2010, de s'en remettre à leurs anciens ennemis : pendant dix ans, le seul moyen d'atteindre l'ISS a consisté à se serrer dans les fusées russes Soyouz, lancées depuis la base spatiale historique de Baïkonour, au Kazakhstan.

Aujourd'hui encore, dans un monde économique ultra-compétitif, de nombreuses entreprises du spatial, d'ordinaire concurrentes, décident de joindre ponctuellement leurs forces. On a même trouvé un terme à ces coopérations de circonstance : la coopétition. Le patron de la United Launch Alliance (ULA), Tory Bruno, qui déploie les satellites militaires de l'US Air Force, m'a expliqué que pour développer sa nouvelle fusée Vulcan, l'entreprise a fait appel à sa concurrente Blue Origin de Jeff Bezos, afin de s'approvisionner en moteurs BE-4. « L'industrie spatiale est tellement petite qu'il n'est pas inhabituel de conclure des partenariats avec des concurrents, m'a-t-il confié. L'intérêt est réciproque : ULA limite les investissements dans le développement d'un moteur, et Blue Origin s'assure un volume de production suffisant pour couvrir ses coûts. » Une industrie spatiale « tellement petite » : voilà le dernier élément pour expliquer les nombreux élans de coopération dans le secteur. Quiconque pénètre cet écosystème sera frappé par l'atmosphère quasi-familiale qui y règne. C'est un monde de passionnés, qui dédient souvent leur carrière entière à la tâche. On y connaît rapidement chaque tête, que l'on croise régulièrement dans les conférences ou pendant la préparation de missions spatiales. Les pots de départ ne sont jamais des adieux : on passe la porte en ayant la certitude de revoir ses collègues et amis sous une autre casquette.

Le retour du repli sur soi

Soyons clairs : il est fort probable que l'idéal d'un espace au service de la coopération internationale et de la paix entre les peuples ne tiendra pas bien longtemps face aux nouvelles tensions géopolitiques qui parcourent nos sociétés. Aucune puissance spatiale n'est épargnée par ces replis nationalistes. Depuis avril 2021, la Chine assemble en solo sa propre station spatiale sur une orbite située entre 300 et 400 kilomètres d'altitude, qui devrait permettre d'effectuer des expériences scientifiques en microgravité, contribuer à la mise au point de technologies spatiales et préparer les équipages chinois aux vols de longue durée. Fin juillet 2022, quelques mois seulement après l'invasion de l'Ukraine par la Russie et le début des sanctions internationales contre Moscou, le nouveau chef de l'Agence spatiale russe Iouri Borissov a annoncé le départ du pays de l'ISS après 2024, et la construction de sa propre station orbitale.

Entre les agitations de l'Amérique, de la Chine et de la Russie, l'Europe cherche sa propre voie vers la souveraineté spatiale. La Commission européenne a lancé le projet Iris², une constellation de télécommunication en orbite basse dont le nom, « Infrastructure de résilience et d'interconnexion sécurisée par satellite », en dit long sur l'urgence de posséder des moyens d'informations fiables et souverains. L'Europe spatiale elle-même se fragmente pour céder aux sirènes de l'autonomie nationale. Des projets de micro-lanceurs de petite capacité, permettant d'avoir un accès quasi immédiat à l'espace pour de petites charges utiles, sont en cours de développement en France, en Allemagne, au Royaume-Uni ou encore en Espagne. En mai 2022, l'Italie annonçait, par la voix de son astronaute Samantha Cristoforetti depuis l'ISS, la création de sa future constellation d'observation de la Terre. Baptisée Iride, en référence à la déesse messagère des dieux, cette constellation fournira des informations cruciales sur l'état de notre planète, tout en dopant l'industrie spatiale italienne.

Or, au même titre que les nations protègent les frontières et les richesses, il est tout naturel qu'elles définissent des stratégies pour protéger leurs infrastructures spatiales souveraines contre des actes d'hostilité vieux comme le monde. « Pendant des milliers d'années, [la conflictualité] s'est limitée à la terre et à la mer avant de gagner le milieu aérien au début du XXe siècle, écrit Martin Motte, enseignant à l'École de guerre, dans l'ouvrage collectif, *La Mesure de la force*. Aujourd'hui, elle s'étend par capillarité au milieu spatial, devenu indispensable en matière de télécommunications, télédétection, géolocalisation, etc. » Une guerre des étoiles est-elle à nos portes ? Si les formes et les règles de la guerre restent immuables, les particularités du milieu spatial en font un théâtre de confrontations unique en son genre.

L'espace au service de la défense des territoires

La notion d'occupation d'un territoire n'a pas sa place dans l'espace. Le vide extra-atmosphérique est trop vaste pour y mener une guerre de tranchées. Impossible par ailleurs pour des États de s'octroyer une partie du cosmos comme on définit des espaces aériens ou maritimes. En tournant sans cesse autour de la Terre, les satellites ne font que passer au-dessus d'une zone terrestre. Se montrer militairement présent dans l'espace ne relève pas moins d'un enjeu de premier plan, tant les satellites sont essentiels au renseignement, à la veille stratégique ou à la conduite des opérations militaires. « Observation, écoute, communication, navigation : l'espace est devenu le nouvel Eldorado du renseignement », peut-on lire dans le rapport d'activité 2019-2020 de la délégation parlementaire au renseignement. « Si l'espace n'est pas, pour le moment, un théâtre de guerre, force est de constater qu'il est de moins en moins un univers de paix. »

Capables de recueillir des données en tout point du globe, y compris dans des régions dont le libre accès n'est pas garanti, les satellites s'affranchissent des contraintes juridiques ou de souveraineté. Entre le recueil d'images et les écoutes électromagnétiques, les capteurs spatiaux permettent de suivre l'évolution des crises en toute discrétion. Ainsi, pendant la première guerre du Golfe de 1990-1991, 93 % du renseignement collecté par les États-Unis provenaient des satellites. En 2003, le secrétaire d'État américain Colin Powell accusait l'Irak de dissimuler aux inspecteurs de l'ONU des armes de destruction massive. Son réquisitoire devant le Conseil de sécurité était largement étayé par des bandes sonores et de nombreuses photos satellite. Or, les services de renseignement français, disposant de leurs propres images, ont permis de dénoncer les mensonges de l'administration Bush, conduisant le ministre des Affaires étrangères de l'époque, Dominique de Villepin, à refuser de participer à la coalition que tentaient de mettre sur pied les Américains pour attaquer l'Irak. Plus récemment, fin février 2022, plusieurs images satellites de l'entreprise américaine Maxar Technologies ont dévoilé l'existence d'un immense convoi militaire russe s'étendant sur plus de 60 kilomètres en route vers Kiev. Depuis, la remarquable résistance de l'Ukraine à l'agression russe est notamment liée à sa capacité à gérer en temps réel le champ de bataille grâce au renseignement spatial américain.

Positionnés sur des orbites basses, à quelques centaines de kilomètres d'altitude, la nouvelle génération de satellites d'observation de l'armée française, les CSO (Composante Spatiale Optique) permettent, grâce à une résolution inégalée, d'évaluer les forces en présence, d'apprécier le niveau d'activité d'un site surveillé, jusqu'à débusquer un armement sur une camionnette en environnement urbain. Dans le cadre d'une intervention aérienne ou de troupes terrestres, l'image satellitaire est utilisée pour géolocaliser très précisément une cible ou guider un missile, évitant ainsi des dommages collatéraux. Elle permet enfin d'évaluer l'efficacité de la frappe par comparaison d'images prises avant et après l'opération.

De leur côté, les trois satellites français CERES (Capacité de Renseignement Électromagnétique Spatiale) déployés en 2021 sont, comme leur nom l'indique, chargés d'intercepter toutes sortes de signaux électromagnétiques, émis par les dispositifs de télécommunication ou de radars antiaériens d'un pays ennemi. Volant en formation, ces petits satellites espions utilisent la méthode de triangulation pour localiser précisément le signal au sol. Les CERES sont capables d'analyser cette source, sa fréquence, sa modulation, voire ses déplacements dans le cas d'un radar mobile, afin de mettre en place une stratégie de brouillage, de contournement ou de destruction pour neutraliser la menace. Les satellites ont d'ailleurs délivré leurs premiers résultats lors de la guerre en Ukraine, d'après la commission des Affaires étrangères, de la Défense et des Forces armées du Sénat. L'interception de communications est une pratique courante du renseignement. On se souvient des révélations sur l'écoute par les services secrets américains de personnalités européennes, comme la chancelière allemande Angela Merkel, de 2012 à 2014, ainsi que d'autres dirigeants suédois, norvégiens et français. Avec le concours de l'agence de renseignement danoise, les espions se seraient branchés sur les câbles sous-marins, le Danemark étant le lieu d'atterrage de plusieurs câbles transatlantiques et un point de transit pour des câbles terrestres européens. La NSA aurait aspiré en masse le trafic internet et mobile et intercepté des mails, des SMS ou des appels téléphoniques.

« De même qu'en stratégie terrestre le contrôle des points hauts facilite la domination de la plaine, ou qu'en stratégie navale la possession de certaines escales permet de contrôler de vastes espaces maritimes, le contrôle des orbites et des routes qui les relient donne la maîtrise du milieu spatial », peut-on lire dans le *Traité de stratégie* de l'École de guerre. Situés sur l'orbite géostationnaire, à 36 000 kilomètres de la Terre, les satellites militaires de télécommunications français Syracuse disposent ainsi d'une vue plongeante sur les activités terrestres, tout en surveillant les satellites évoluant sur des orbites plus basses. Et l'on peut ainsi raisonnablement penser que le nouvel attrait des grandes puissances spatiales pour la Lune, séparée de la Terre par une distance dix fois supérieure à l'orbite géostationnaire, n'est pas sans rapport avec certains enjeux de défense. Situés encore plus loin, les cinq points de Lagrange, notés L1 à L5, sont des endroits où l'attraction exercée par la Terre et celle exercée par le Soleil s'équilibrent. Un objet spatial placé sur ces points d'équilibre, tel le télescope James Webb sur le point L2, à 1,5 million de kilomètres de la Terre, bénéficiera d'une vue globale sur l'ensemble des activités spatiales. « Qui contrôle l'espace circumterrestre contrôle la Terre ; qui contrôle la Lune contrôle l'espace circumterrestre ; qui contrôle [les points de Lagrange] contrôle le système Terre-Lune », estime le stratégiste américain John M. Collins, cité dans le manuel de l'École de guerre.

Orbites de la Terre à la Lune

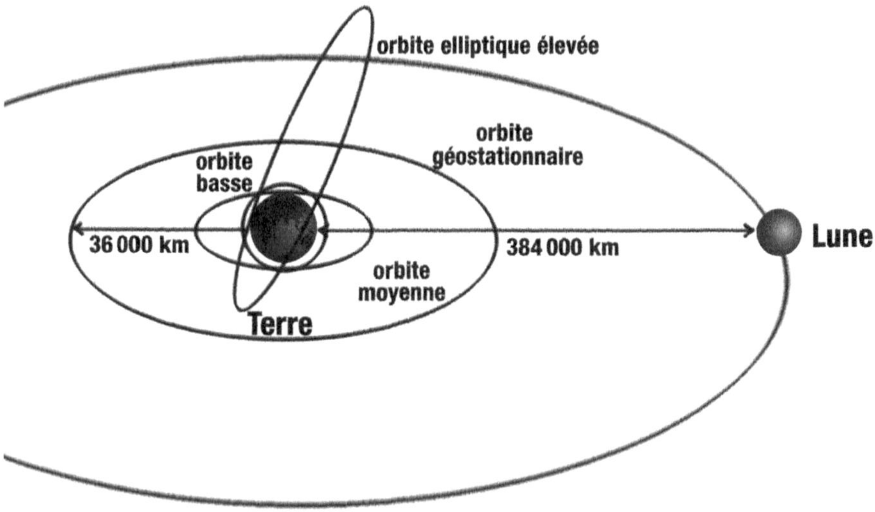

Points de Lagrange L1-L5

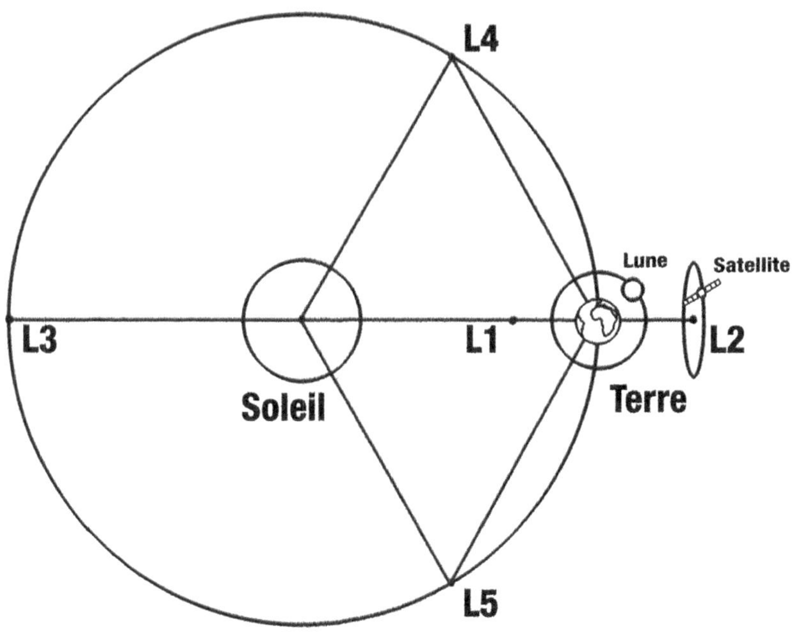

Capter les télécommunications satellitaires

Les satellites peuvent-ils s'espionner mutuellement ? Les satellites militaires géostationnaires Syracuse permettent aux soldats français déployés aux quatre coins du globe de communiquer à haut débit et en toute sécurité. Ils feraient donc une cible parfaite pour des services de renseignement étrangers mal intentionnés.

Sur le papier, rien ne l'empêche. Mais l'espace a un inconvénient de taille : il est immense, et les satellites y naviguent en perpétuel mouvement. Difficile, dans ces conditions, de se placer précisément sur leur trajectoire afin d'en intercepter les télécommunications, civiles ou militaires. Pour cela, il convient d'employer les grands moyens. C'est précisément ce type de manœuvre spectaculaire que la Russie nous a récemment donné à voir. En septembre 2018, la ministre des Armées françaises, Florence Parly, a révélé qu'un satellite russe avait été surpris un an plus tôt à proximité immédiate d'un satellite de télécommunications militaires franco-italien, situé sur l'orbite géostationnaire, vraisemblablement pour tenter d'en intercepter les échanges cryptés. « Alors qu'Athena-Fidus continuait sa rotation tranquillement au-dessus de la Terre, un satellite s'est approché de lui, de près (...). De tellement près qu'on aurait vraiment pu croire qu'il tentait de capter nos communications, a-t-elle raconté dans un discours prononcé au CNES sur les enjeux de l'espace pour la Défense. [Or,] tenter d'écouter ses voisins, ce n'est pas seulement inamical. Cela s'appelle un acte d'espionnage. Ce satellite aux grandes oreilles s'appelle Louch-Olymp, c'est un satellite russe bien connu mais un peu... indiscret (...). Nous l'avions vu arriver, et avons pris les mesures qui s'imposaient. Nous le surveillons attentivement, nous avons d'ailleurs observé qu'il continuait de manœuvrer activement les mois suivants auprès d'autres cibles, mais demain, qui dit qu'il ne reviendra pas auprès d'un de nos satellites ? »

Cet exemple tout droit sorti d'un film de science-fiction pourrait nous faire croire qu'il est facile, pour un satellite, de se balader à loisir d'une cible à une autre dans l'espace. C'est vrai sur l'orbite géostationnaire, où tous les satellites évoluent dans le même sens, à la queue leu leu en quelque sorte, sur un arc de cercle comme autant de chevaux de bois sur un carrousel. Il suffit à un satellite de mettre les gaz pour rattraper ses petits camarades de devant ou, au contraire, d'allumer les moteurs dans le sens inverse de la marche pour décélérer et attendre ses camarades de derrière. Réaliser ce type de manœuvre ailleurs dans l'espace est une tout autre histoire. Sur les orbites basses, notamment, les satellites tournent autour de la Terre dans toutes les directions et selon tous les angles. À condition de se trouver exactement sur la même orbite, il est extrêmement coûteux en énergie, et donc en carburant, pour un satellite d'en rejoindre un autre. C'est la raison pour laquelle les modules spatiaux dits de « services en orbite » mentionnés précédemment, sortes de camions-citernes chargés d'offrir une nouvelle fraîcheur aux satellites en fin de vie, ont jusqu'ici été exclusivement déployés sur l'orbite géostationnaire. C'est aussi la raison pour laquelle les satellites militaires géostationnaires sont particulièrement exposés aux actes de malveillance.

La meilleure défense : l'attaque

En réalité, chacun se prépare à faire face à des manœuvres bien plus offensives que celles auxquelles s'est livré le satellite

Louch-Olymp. En effet, la ministre des Armées ne se serait sans doute pas montrée aussi alarmiste si les tentatives d'approche de l'engin russe n'avaient pas pu déboucher sur une attaque active aux conséquences potentiellement irréversibles. Louch-Olymp aurait pu être équipé d'un système de laser capable d'endommager ou de dégrader les panneaux solaires ou les composants sensibles du satellite Athena-Fidus. Muni d'une arme dite à « énergie dirigée », Louch-Olymp aurait pu tout aussi bien envoyer vers Athena-Fidus un rayonnement électromagnétique intense, tels que des micro-ondes, afin de corrompre les données stockées dans la mémoire du satellite ou provoquer le redémarrage des processeurs. Sans aller à ces extrémités, de « simples » brouillages suffisent à gêner temporairement l'adversaire. Réversible, le brouillage est une forme d'attaque électronique qui interfère avec les communications en générant du bruit dans la même fréquence et dans le même cône d'émission que l'antenne du satellite visé.

« Si nos satellites sont menacés, nous envisagerons d'éblouir ceux de nos adversaires, déclarait ainsi Florence Parly au CNES. Nous nous réservons le moment et les moyens de la riposte : cela pourra impliquer l'emploi de lasers de puissance déployés depuis nos satellites. » La France prévoit également de compléter sa défense active dans l'espace au moyen de véritables satellites patrouilleurs, chargés de détecter et d'aller inspecter tout engin indiscret qui s'approcherait trop près des satellites militaires en orbite géostationnaire. Deux petits démonstrateurs, baptisés Yoda, seront lancés en 2025 à cette fin. En ce sens, les méga-constellations en orbite basse permettent de se montrer résilient à l'attaque d'un satellite géostationnaire : difficile en effet de s'en prendre simultanément à des centaines ou des milliers de satellites afin de paralyser les télécommunications d'un pays ennemi.

Gare enfin aux stations terrestres chargées d'envoyer des commandes aux satellites ou d'en recevoir les signaux, proies potentielles pour des cyberattaques. Ainsi, au matin du 24 février 2022, au premier jour de l'attaque de l'Ukraine par la Russie, des dizaines de milliers de modems réceptionnant les télécommunications d'un satellite de l'opérateur Viasat, ont été piraté par Moscou, désorganisant les échanges internet sur tout le territoire ukrainien. « Rappelons [...] qu'en 2002, les satellites d'observation français Spot 1 et 2 ont été victimes de l'envoi de fausses télécommandes par une puissance étrangère », écrit encore l'Ecole de guerre.

Un « fait divers spatial » intervenu en mai 2014 illustre cette crainte croissante de voir émerger des engins d'attaque d'un genre nouveau. Peu de temps après le lancement par la Russie de trois satellites de communication, un module à l'aspect inhabituel est apparu sur la toile céleste. Considéré pendant plusieurs mois comme un débris par l'armée américaine, Kosmos 2499 a attiré l'attention des observateurs amateurs car sa trajectoire ne correspondait pas à celle, aléatoire, d'un simple déchet. Au contraire, l'objet donnait l'impression d'effectuer des manœuvres prédéterminées. Devant le silence des autorités russes, cet ovni a alors fait l'objet de toutes les spéculations. Beaucoup y ont vu un satellite militaire de nouvelle génération, destiné à abattre dans l'espace un autre satellite indésirable grâce à des technologies inédites. Certains l'ont imaginé muni de bras robotiques capables de déplacer un satellite ou plier une antenne, d'autres lui ont attribué un système de brouillage dernier cri. La Chine dispose elle aussi d'un satellite suspect, le Shiyan 7 (« Expérience 7 »). D'après certains observateurs, cet engin lancé en 2013 a été conçu pour endommager ou dévier les satellites adverses de leur orbite à l'aide de son bras articulé.

Difficile, en réalité, de faire la part des choses entre les technologies réelles déployées dans l'espace et les opérations de communication destinées à « enfumer » l'adversaire. En novembre 2022, un avion spatial américain un peu particulier, l'X-37B, revenait sur Terre après un séjour de près de trois ans en orbite – un record. Personne, à part l'armée américaine, ne connaît réellement les activités qui ont été réalisées à son bord. D'après les communiqués officiels, volontairement évasifs, des expériences auraient permis de convertir l'énergie solaire en micro-ondes ou évaluer les effets du milieu spatial sur divers matériaux et autres tissus biologiques. Plus récemment, en mai 2023, un mystérieux avion spatial chinois revenait se poser à son tour sur un site militaire en Mongolie-Intérieure, après 276 jours passés en orbite. Les Chinois ne sont guère plus prolixes que les Américains quant à la nature réelle de la mission. On saura tout au plus que certaines manœuvres orbitales ont été testées, dont le largage et la récupération d'un objet à l'aide d'un bras robotique.

Ce besoin d'action dans l'espace débouchera inévitablement, à terme, sur le vol habité pour réaliser des opérations offensives ou défensives plus complexes. C'est bien là une des ambitions cachées du maintien ou du développement des vols habités aux États-Unis, en Chine, en Russie, en Inde et peut-être bientôt en Europe. Toutes ces démonstrations de force participent à l'installation, trente ans après la fin de la guerre froide, d'une nouvelle forme d'équilibre de la terreur.

6.
Un nouvel équilibre de la terreur dans l'espace

Les attaques dans l'espace depuis la Terre : le spectre d'un anéantissement mutuel

Lorsqu'on évoque l'équilibre de la terreur, une doctrine militaire élaborée à l'époque de la guerre froide, on pense d'abord à la dissuasion nucléaire. L'utilisation à grande échelle de la bombe atomique par les États-Unis ou l'Union soviétique aurait provoqué la destruction totale des deux camps et affecté gravement l'atmosphère et le climat de la planète. Ce que l'on sait beaucoup moins, c'est qu'une autre forme de dissuasion s'est installée à la même époque dans l'espace. Dès les premiers moments de la conquête spatiale, Américains et Soviétiques comprennent que si l'une des deux superpuissances prend l'ascendant dans l'espace, le seul moyen de s'y opposer en cas de conflit ouvert serait de tirer depuis la Terre des missiles antisatellites. Le fait que les satellites soient en perpétuel mouvement autour de notre planète et n'aient d'autre choix que de passer régulièrement au-dessus de territoires ennemis rend la tâche encore plus facile. Le premier essai concret d'un tir antisatellite est le fait des Américains : le 13 octobre 1959, soit seulement deux ans après la mise en orbite de Spoutnik, un missile balistique Bold Orion 2, sorte de fusée à deux étages, est largué par un Boeing B-47 Stratojet à 11 kilomètres d'altitude. La mise à feu emporte le bolide au-delà des limites de l'atmosphère. Sa cible : un petit satellite, Explorer 6, déployé deux mois plus tôt par la NASA afin d'étudier les rayons cosmiques et la propagation des ondes radio dans l'atmosphère. La mission est un quasi-succès : le missile ne passe qu'à 6 kilomètres de l'engin. Si le missile avait été équipé d'une tête nucléaire, le satellite aurait été détruit dans l'explosion. Avec cette démonstration de force, les États-Unis envoient un signal clair en direction de l'Union soviétique.

Redoutant une guerre spatiale qui pourrait dégénérer en un anéantissement mutuel, les rédacteurs du traité international sur l'espace ont défendu dès 1967 un « usage pacifique de l'espace, dont l'exploration doit être réservée à des fins pacifiques [...], où il est proscrit d'introduire des armes nucléaires et autres armes de destruction massive ». Ces bonnes intentions n'ont pas suffi à faire cesser les tirs antisatellites, tout comme les traités de régulation des armes nucléaires n'ont pas empêché les essais aux quatre coins du globe. Au début des années 80, tandis que l'Union soviétique provoque un regain de tension internationale en relançant la course à l'armement nucléaire, elle en profite pour faire exploser, le 14 mars 1981, un satellite « tueur », ou « kamikaze », à proximité immédiate d'un vieux satellite, endommageant sérieusement son équipement de bord. Les États-Unis ripostent en 1985 en neutralisant l'un de leurs satellites scientifiques, devenu inopérant, à l'aide d'un missile tiré depuis un chasseur F15. L'explosion génère 285 débris spatiaux détectables depuis le sol.

Les débris : voilà pourquoi la notion de dissuasion prend tout son sens dans le scénario d'une guerre spatiale. On l'a vu au sujet des méga-constellations en orbite basse, chaque nouveau débris représente une menace pour n'importe quel satellite ou module habité en orbite autour de la Terre, et peut générer à son tour d'autres collisions, faisant craindre une réaction en chaîne. Résultat : l'espace autour de la Terre serait à ce point saturé d'objets à la trajectoire chaotique que son accès nous en serait à jamais interdit.

C'est de ce redoutable scénario que la Chine nous a donné un avant-goût en 2007, indignant l'ensemble de la communauté internationale. Le 11 janvier de cette année-là, la Chine procède à la destruction d'un de ses anciens satellites météorologiques, situé à une altitude de 865 kilomètres, à l'aide d'un missile. Le projectile n'est pas explosif, mais utilise uniquement sa vitesse de 8 kilomètres par seconde pour faire voler en éclats le satellite, générant le plus grand nombre de débris de l'histoire du spatial en un seul évènement. Au moins 4 000 nouveaux débris de plus de 10 centimètres ont été recensés, et plus de 40 000 plus petits ont été libérés dans l'espace. Représentant 22 % de la totalité des débris en orbite basse, les vestiges du satellite chinois sont particulièrement dangereux en raison de leur altitude relativement haute : ils mettront plusieurs décennies à redescendre dans l'atmosphère et passeront nécessairement par des zones occupées par des satellites opérationnels. Repéré par les services secrets américains, le tir antisatellite n'est tout d'abord pas commenté par Pékin, qui finit par admettre – et minimiser – l'évènement deux semaines plus tard.

S'ouvre alors une ère de doubles discours et de poker menteur. Le 12 février 2008, la Chine propose, aux côtés de la Russie, un projet de traité sur « le non-déploiement des armes dans l'espace et le non-emploi de la force contre les objets cosmiques », dans le cadre de la conférence annuelle du désarmement à Genève. C'est la première fois que Moscou et Pékin s'associent pour prendre à témoin la communauté internationale de leurs intentions d'interdire « l'arsenalisation » de l'espace. Cette initiative surprenante, en contradiction totale avec les agissements de la Chine, souligne le rapprochement militaire stratégique sino-russe.

La proposition est sèchement refusée par les Américains, à qui le test de janvier 2007 « offre une puissante raison d'être sceptique quant aux efforts de la Chine pour promouvoir un traité sur la prévention d'une course aux armements dans l'espace », selon Donald Mahley, responsable au département d'État pour les questions de sécurité internationale et de non-prolifération. S'exprimant dans *Le Monde*, le haut responsable américain justifie le refus des États-Unis « de négocier des contraintes et limitations à leur droit de développer, tester et déployer des capacités dans l'espace ». On comprend pourquoi : moins de dix jours après la proposition sino-russe, le président George W. Bush donne l'autorisation à l'armée américaine de détruire à son tour un ancien satellite espion situé à 247 kilomètres d'altitude au-dessus de l'océan Pacifique. Selon la Maison-Blanche, le satellite radar USA-193 avait commencé à montrer des défaillances au point de devenir incontrôlable. Le tir antisatellite, lancé depuis un navire de guerre, n'avait pour d'autre but que de neutraliser le réservoir rempli d'une demi-tonne de carburant toxique – de l'hydrazine. On est en droit d'en douter, car le satellite, situé à basse altitude, s'apprêtait dans tous les cas à retomber dans l'atmosphère, où le réservoir aurait été entièrement détruit.

En mars 2019, l'Inde devient le quatrième pays à détruire un satellite en orbite basse, à 300 kilomètres d'altitude. « Notre but est d'établir la paix et non de créer une atmosphère de guerre », déclarait le Premier ministre indien Narendra Modi, alors en campagne pour sa réélection.

« Ceci n'est dirigé contre aucun pays. C'est un moment de fierté pour l'Inde. » Au-delà du discours électoraliste totalement contradictoire, l'évènement fait craindre une banalisation de ce type de démonstration de force. En particulier venant des pays émergents qui, disposant d'une flotte de satellites limitée, auraient tout à gagner à s'en prendre aux puissances spatiales établies. La destruction depuis le sol d'un objet spatial, dont la trajectoire et la position peuvent être connues à l'avance, ne relève plus réellement de l'exploit : elle s'avère même plus facile que de procéder à la mise en orbite d'un satellite. Les États-Unis deviendraient alors une cible privilégiée pour un agresseur qui y trouverait un avantage militaire asymétrique, faisant craindre à Washington un possible « Pearl Harbor spatial ».

À la suite du lancement, en avril 2020, d'un nouveau missile antisatellite russe – qui ne touchera cette fois-ci aucun engin spatial – le commandant en chef de la force spatiale américaine, le lieutenant général John Raymond, dénonce « une démonstration de plus des propositions hypocrites de la Russie pour le contrôle des armes dans l'espace ». Elles visent selon lui à « restreindre les capacités des États-Unis, alors [que les Russes] n'ont pas l'intention d'arrêter leurs programmes d'armement anti-espace ». La suite semble lui donner raison. Le 15 novembre 2021, la Russie fait feu sur son propre satellite, générant un nuage de débris potentiellement dangereux pour la Station spatiale internationale et les satellites évoluant en orbite basse. Une attitude inconséquente qui a poussé la ministre française des Armées d'alors Florence Parly à dénoncer dans un tweet les « saccageurs de l'espace » : « L'espace est un bien commun, celui des 7,7 milliards d'habitants de notre planète. Les saccageurs de l'espace ont une responsabilité accablante en générant des débris qui polluent et mettent nos astronautes et satellites en danger. » Malgré l'indignation générale, la tendance n'est pas vraiment à la désescalade. Craignant que les satellites Starlink d'Elon Musk soient utilisés par l'armée américaine à des fins d'espionnage, des chercheurs du Beijing Institute of Tracking and Telecommunications Technology développent un programme de défense qui permettrait, le cas échéant, de les neutraliser. En 2019, les renseignements militaires américains suspectaient déjà la Chine de disposer de cinq bases au sol équipées de lasers capables de mettre hors d'état de nuire des satellites ennemis. Peu ou prou ce que le centre français de recherche aérospatiale Onera présentait au salon aéronautique du Bourget en 2019 : une nouvelle arme laser capable d'endommager, depuis des bases aériennes militaires, les panneaux solaires ou d'éblouir l'optique de satellites en orbite basse.

Une escalade... jusqu'où ?

Les négociations internationales de maîtrise des armements dans l'espace sont quasiment au point mort, aucune approche commune ne semble se dégager sur les modalités d'une future régulation. Les regains de tensions internationales ont plutôt tendance à nous plonger dans un remake de la guerre froide et de ses enjeux de dissuasion. En appeler à la responsabilité des États risque de ne pas suffire : tous s'observent actuellement les uns les autres en chiens de faïence, tant les satellites occupent un rôle essentiel dans leurs stratégies de défense. Certaines alliances semblent néanmoins se dessiner. La France a ainsi rejoint, en février 2020, l'initiative pour les opérations spatiales interalliées (CSpO, Combined Space Operations), sorte de forum multilatéral visant à coordonner les efforts dans le domaine de la défense spatiale des sept nations participantes : États-Unis, Royaume-Uni, Canada, Australie, Nouvelle-Zélande, Allemagne et France. La Chine, la Russie et l'Inde, pourtant incontournables pour l'élaboration d'un espace pacifique, brillent par leur absence.

Même la Lune fait l'objet d'accords récents illustrant ces nouveaux rapports de force géopolitiques. D'un côté, les États-Unis s'apprêtent à construire en partenariat avec l'Europe, le Canada et le Japon une station spatiale en orbite lunaire, baptisée Lunar Gateway, dont les deux premiers modules seront lancés d'ici à 2030. La station fait partie intégrante de la stratégie de retour sur la Lune des Américains, dont le coup d'envoi a été marqué par la mission « Artemis I », le 16 novembre 2022. Un haut responsable du spatial américain me confiait récemment sans l'ombre d'une hésitation que les États-Unis retournaient sur la Lune « parce que la Chine y va ! Ses intentions sont tellement peu transparentes que nous ne pouvons pas la laisser y aller toute seule ». Bill Nelson, directeur de la NASA, lors de son passage à Paris à l'occasion du Congrès international d'astronautique en septembre 2022, n'a pas dit autre chose à des journalistes de *Ciel & Espace*. Craintes réitérées dans un entretien accordé à *Politico* : « Il vaut mieux veiller à ce qu'ils [les Chinois] n'arrivent pas sur la Lune sous couvert de recherche scientifique. » Avouant s'inscrire dans une nouvelle « course à l'espace », le patron de l'Agence spatiale américaine estime qu'« il n'[est] pas impossible que les Chinois disent ensuite : "Tenez-vous à l'écart, nous sommes ici, c'est notre territoire." »

D'autant que la Chine ne compte pas y aller seule. En mars 2021, les patrons des agences spatiales russe et chinoise signaient un accord pour l'élaboration conjointe d'une future station lunaire, directement concurrente de la Lunar Gateway. En juillet 2023, le Venezuela officialisait à son tour sa participation au projet. Dans ce contexte de hausse sensible des missions à destination de notre satellite naturel, un laboratoire de recherche de l'US Air Force travaille d'ailleurs à la mise en orbite du Cislunar Highway Patrol System, rebaptisé récemment Oracle, sorte de patrouilleur chargé de sécuriser les missions en repérant toutes les menaces dans la périphérie de la Lune : débris de satellites et de fusées, astéroïdes, mais aussi éventuelles « actions nuisibles » déclenchées par d'autres pays. Une initiative unilatérale qui ne risque pas d'apaiser les tensions entre grandes puissances.

Se préparer à une guerre des étoiles

« L'arsenalisation de l'espace n'est plus une hypothèse ; elle ne semble plus être désormais qu'une question de temps », peut-on lire dans le rapport d'activité de la délégation parlementaire au renseignement. Le terme « arsenalisation » peut prêter à confusion. Certes, les textes fondateurs bannissant la mise en orbite d'armes nucléaires et de destruction massive (armes bactériologiques et chimiques) ne disent rien sur les autres types d'armes. De là à imaginer le déploiement de machines de guerre dans l'espace, susceptibles de viser des infrastructures au sol, voire des populations ?

En réalité, Ronald Reagan se préparait à cette éventualité dans les années 1980. Dans un contexte de guerre froide et d'équilibre de la terreur, le président américain lançait le 8 mars 1983, son « Initiative de Défense Stratégique »,

Initiative de défense stratégique

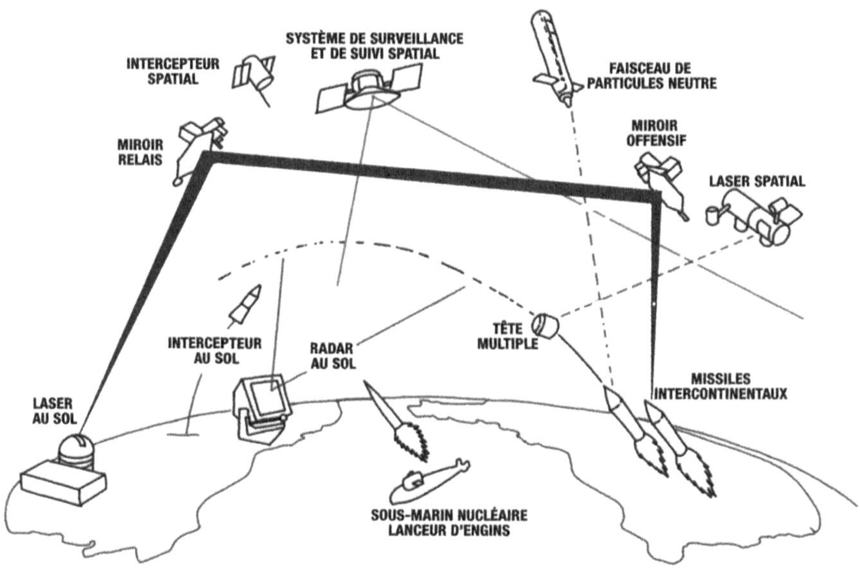

rapidement rebaptisée « guerre des étoiles » par les médias (au grand dam de George Lucas, le réalisateur de la saga cinématographique, qui perdit tous ses procès pour empêcher l'armée américaine d'utiliser cette dénomination). Des milliards de dollars sont alors injectés dans la recherche spatiale et militaire « pour contrer l'horrible menace des missiles soviétiques ». Qualifiant l'URSS d'« empire du mal », sans doute en référence, là aussi, à l'Empire galactique de *Star Wars*, Reagan imagine pouvoir protéger les États-Unis d'une attaque nucléaire grâce à un « bouclier spatial, identifiant et anéantissant tout missile venu de la haute atmosphère ».

De nouveaux concepts d'armes sont imaginés pour l'occasion. Des canons lasers de haute puissance, déployés en orbite et au sol, doivent focaliser et concentrer un faisceau lumineux contre une cible, qu'ils détruiraient sous l'effet de la chaleur – par exemple une tête nucléaire hostile. Validé en 1987, le concept « Brilliant Pebbles » (galets brillants) repose sur une constellation de milliers de satellites placés en orbite basse, de sorte que des centaines d'entre eux survoleraient en permanence le territoire soviétique. Chaque satellite serait équipé de petits missiles à tête chercheuse, capables de détecter par infrarouge les moteurs des fusées déployant des missiles balistiques intercontinentaux ennemis, et d'entrer en collision avec eux, avant que ces derniers n'aient pu libérer leurs ogives.

Extrêmement coûteux, tous ces projets sont rapidement abandonnés. Aujourd'hui encore, nous ne sommes pas près de voir apparaître dans le ciel une sorte d'Étoile de la Mort, cette sphère imaginée par Dark Vador et équipée d'un superlaser capable de raser des villes entières, voire des planètes. Mais il n'est pas besoin de puiser dans la science-fiction pour imaginer des scénarios catastrophes puisque la neutralisation des satellites d'une nation ennemie reviendrait à paralyser totalement un pays et son armée. Ainsi, comme l'indique le rapport d'activité de la délégation parlementaire au renseignement, « une course aux armements dans l'espace rendrait, en effet, une guerre potentielle probablement encore plus destructrice que les deux guerres mondiales, même si à ce stade, le sujet concerne avant tout la multiplication des attaques à l'encontre des satellites ». Chacun se prépare à ce nouvel équilibre de la terreur. Dans la foulée de l'espionnage d'un satellite franco-italien par un satellite russe, le président de la République, Emmanuel Macron, annonçait son intention de définir en 2019 « une stratégie spatiale de défense » française afin de répondre aux potentielles menaces et protéger les intérêts militaires et civils du pays. En septembre de la même année a été créé le Commandement de l'espace, au sein de l'armée de l'air, rebaptisée Armée de l'air et de l'espace. Ces annonces coïncident avec la création, outre-Atlantique, d'une Space Force par le président Donald Trump, qui estime que « l'espace est le nouveau front de guerre du monde ».

Une autre « Space Force » voit le jour sur Netflix quelques mois plus tard. Dirigée par Steve Carell, hilarant patron d'une entreprise de papeterie dans la série *The Office*, cette nouvelle branche de l'armée de l'air a pour mission extravagante de militariser littéralement le vide extra-atmosphérique, afin d'assurer une « domination spatiale totale » de l'Amérique. Espérons que le scénario reste à l'état de parodie...

La surveillance de l'espace

Toutes ces considérations de protection des infrastructures spatiales tourneraient vite à vide si la France, et plus largement l'Europe, ne disposaient pas d'une capacité de surveillance de l'espace autonome. En effet, comment attribuer des actes hostiles sans pouvoir caractériser et identifier précisément tous les objets – y compris les débris – évoluant au-dessus de nos têtes ?

Or, l'Europe dépend encore largement des données fournies par l'armée américaine. Entré en service opérationnel en 2005, le système de surveillance de l'espace français GRAVES (Grand réseau adapté à la veille spatiale) détecte et catalogue quotidiennement les objets les plus volumineux en orbite basse, entre 400 et 1 000 kilomètres d'altitude. Pour la surveillance des satellites en orbites moyennes et géostationnaires, l'armée française s'appuie sur le réseau TAROT (Télescopes à action rapide pour les objets transitoires) du Centre national de la recherche scientifique. Grâce à un réseau de trente stations de surveillance réparties dans le monde, le système Helix d'ArianeGroup gardera quant à lui un œil sur toutes les orbites.

Si élaborés soient-ils, ces réseaux ne suffisent pas à dresser un catalogue exhaustif de l'état de l'espace. Régulièrement, l'Europe fait appel aux données américaines du NORAD (North American Aerospace Defense Command), contenant des informations sur trente mille objets de plus de 10 centimètres en orbite basse et de plus de 1 mètre en orbite géostationnaire. Utilisé notamment pour calculer des probabilités de collision lors d'un lancement spatial depuis la Guyane, le catalogue souffre néanmoins et à dessein de quelques trous dans la raquette. Des équipes du ministère des Armées et du CNES ont montré que certaines plateformes américaines – principalement des satellites militaires – manquent à l'appel ou que certaines trajectoires décrites dévient sensiblement de la réalité. Par ailleurs, les États-Unis fournissent gratuitement à tous les opérateurs de satellites des alertes en cas de risque de collision, à travers le 18e escadron de surveillance spatiale de la Space Force américaine. Qu'adviendra-t-il si, demain, l'encombrement de l'orbite basse était tel que l'Europe ne pourrait plus faire décoller ses fusées sans l'analyse détaillée du risque de collision des Américains ? En arriverons-nous à la situation où la France et l'Europe devront systématiquement demander l'avis – et l'autorisation ? – des États-Unis pour déployer des satellites dans l'espace ? Avec leurs méga-constellations de satellites, les États-Unis deviendront-ils juge et partie ? Cette exigence pour l'Europe de disposer de son propre système d'accès indépendant et souverain aux données spatiales fait partie des priorités du nouveau Commandement de l'espace : gageons qu'il sera respecté.

7.
Le tourisme spatial

Un nouveau modèle d'exploitation des vols habités

Je me souviendrai toujours de ma première rencontre avec les astronautes Claudie et Jean-Pierre Haigneré, en 2014. Je préparais alors un long article pour *Ciel & Espace* sur les voyages vers la planète Mars, sans perspective de retour sur Terre, imaginés par des entrepreneurs fantasques. Selon Jean-Pierre Haigneré, toutes ces missions spatiales ouvertes au « grand public » – sans pour autant être accessibles à toutes les bourses – constituaient « la caricature extrême de ce que l'on peut attendre d'un secteur spatial libéral, dont on sait qu'il n'a pas de limites et qu'il s'inscrit en dehors des règles éthiques que s'imposent les agences spatiales ». Pour l'astronaute, le véritable esprit de l'exploration cosmique consistait à utiliser le génie humain afin de repousser ses propres limites au profit du plus grand nombre. « Peut-être que pour certaines de ces personnes [l'espace] est un terrain de jeu ! », s'exclamait plus récemment Claudie Haigneré, première Française et Européenne à avoir volé dans l'espace, dans une émission télévisée. « Je ne le considère pas comme ça ! Pour moi, c'est un terrain de sciences, de progrès technologiques pour faire avancer nos connaissances. »

Il n'en faut généralement pas beaucoup plus pour m'inspirer. Comment ne pas partager cet idéal de progrès, de connaissances et d'échange que l'on pourrait appliquer à toute activité humaine ? Que l'on embrasse ou non les fondements du système capitaliste, on peut imaginer que le monde tournerait un peu mieux si nos sociétés décidaient de consacrer leur énergie au bien commun, plutôt qu'à la satisfaction à tout prix de nos aspirations individualistes. Mais justement, le système capitaliste existe, il dicte nos règles économiques, notre éthique et nos rapports aux autres, et il n'est pas déraisonnable de se poser la question suivante : pourquoi devrait-il s'arrêter aux portes de l'espace ? Au même titre que le ciel est ouvert aux avions de ligne appartenant à des compagnies privées pour nous amener d'un bout à l'autre de la planète, pourquoi l'accès à l'espace serait-il réservé aux agences et à leurs astronautes professionnels ?

En réalité, un espace ouvert uniquement à l'exploration et à la connaissance n'a sans doute jamais existé. Si les premières pages de l'histoire des voyages spatiaux humains ont été entièrement écrites par les agences spatiales étatique, c'est avant tout pour les raisons géopolitiques évoquées dans les chapitres précédents. L'idée de générer du profit à travers le transport d'humains dans l'espace est longtemps restée du domaine de la science-fiction. Seule la puissance publique disposait des moyens financiers et humains pour développer une industrie du vol habité. Les millionnaires qui souhaitaient s'adonner à ces activités extrêmes n'avaient d'autre choix que de toquer à la porte de ces agences, dans l'espoir de les convaincre d'accepter une partie de leur fortune contre une place dans la fusée.

Le tout premier touriste de l'espace, l'Américain Dennis Tito, ne s'y est pas pris autrement. À la fin des années

1990, il sollicite la NASA pour réaliser ce qu'il décrit comme la principale ambition de sa vie. L'Agence spatiale américaine lui claque la porte au nez, en raison de son âge – il a alors 61 ans – et de son manque d'entraînement. Celui qui doit sa fortune à une société de conseil en technologie tente alors sa chance auprès de l'Agence spatiale russe, qui fait justement face à des difficultés financières. Avec succès. Déboursant 20 millions de dollars, Dennis Tito prend place le 28 avril 2001 à bord de la mission Soyouz TM-32, au terme d'un long entraînement à la cité des étoiles de Moscou. Aux côtés de deux cosmonautes professionnels, il passera près de huit jours dans l'espace, dont plusieurs au sein de la Station spatiale internationale. Six autres touristes profiteront, entre 2001 et 2010, d'un tel échange de bons procédés : l'agence spatiale russe comble ses déficits en cédant à des millionnaires une petite place à bord de ses missions Soyouz.

Cette forme de partenariat public-privé sera de courte durée. Lorsque, en 2011, la NASA décide d'arrêter son programme de navette spatiale, la fusée Soyouz se retrouve seule sur le marché du transport d'astronautes vers l'ISS. Les différentes agences dans le monde font appel à elle, de sorte que Soyouz n'a plus de place à proposer aux touristes fortunés. En parallèle, la NASA procède à un revirement spectaculaire dans sa stratégie d'accès à l'espace, décidant de sous-traiter le transport à de jeunes pousses industrielles, à qui elle met le pied à l'étrier grâce à des contrats de développement et de lancement colossaux. On connaît aujourd'hui le vainqueur de cette compétition outre-Atlantique. Le 30 mai 2020, SpaceX réalise le tout premier vol de sa capsule habitée Crew Dragon, emportant vers l'ISS, les deux astronautes américains de la NASA Douglas Hurley et Robert Behnken. Peu après ce retour en force des

États-Unis sur le marché des vols habités, SpaceX réalise, le 16 septembre 2021, le tout premier lancement embarquant quatre parfaits novices, sans aucun astronaute professionnel pour les accompagner. Jared Isaacman, patron d'une entreprise de services financiers qui a généreusement offert leur place aux trois autres passagers, n'aura pas la chance de visiter l'ISS. La capsule Dragon est larguée à une altitude légèrement supérieure à cette dernière, et les quatre touristes effectuent quarante-cinq tours autour de la Terre en trois jours. « Peu y sont allés avant et beaucoup vont suivre. La porte s'ouvre maintenant, c'est assez incroyable », s'est extasié Jared Isaacman.

De fait, quelques mois plus tard, le 13 avril 2022, l'Américain Larry Connor, à la tête d'une société immobilière, le Canadien Mark Pathy, patron d'une société d'investissement, et l'ex-pilote israélien Eytan Stibbe, cofondateur d'un fonds d'investissement, déboursent des dizaines de millions de dollars chacun pour prendre place, aux côtés de l'astronaute hispano-américain Michael Lopez-Alegria, à bord d'une fusée Falcon 9 de SpaceX. Nommée « Ax-1 », cette mission est organisée et commercialisée par l'entreprise Axiom Space, pour laquelle travaille Michael Lopez-Alegria. C'est la première mission spatiale entièrement privée à se rendre dans l'ISS. Après une quinzaine de jours passés dans la Station, l'équipage retombe tranquillement dans l'océan Atlantique à bord d'une capsule Crew Dragon.

Une seconde mission a eu lieu en mai 2023. Elle a envoyé quatre personnes vers l'ISS, dont l'Américaine Peggy Whitson, une astronaute professionnelle qui avait accompagné Thomas Pesquet lors de son premier vol en 2016, l'homme d'affaires John Shoffner, ainsi que deux astronautes saoudiens. Space X et Axiom Space ne comptent pas s'arrêter en si bon chemin. Une troisième mission en novembre 2023 et une quatrième début 2024 devraient suivre, chacune embarquant quatre passagers vers l'ISS.

Cette nouvelle pratique est parfaitement cohérente avec la stratégie de la NASA de se désengager progressivement de ses obligations dans la Station spatiale, afin de se concentrer sur des opérations plus lointaines et complexes : le retour sur la Lune puis, à plus long terme, une expédition vers Mars. Assemblée en orbite en 1998, la Station est effectivement vieillissante et coûteuse. Sa mise à l'arrêt était prévue en 2028, après trois décennies d'utilisation, mais la piste d'une privatisation partielle pourrait lui permettre de poursuivre certaines activités à moindre coût. Pour concrétiser ce nouveau modèle d'exploitation public-privé des vols habités, la NASA n'hésite pas à donner là aussi des coups de pouce à l'industrie. En janvier 2020, elle accordait 140 millions de dollars à Axiom Space pour l'aider à construire sa propre station spatiale. Le premier module, prévu pour être lancé en 2025, sera d'abord rattaché à l'ISS, avant de prendre son indépendance. Trois autres modules devraient voir le jour, puisque des contrats du même type ont également été signés avec Blue Origin, pour un montant de 130 millions de dollars, avec Nanorack pour 160 millions de dollars, et avec Northrop Grumman pour 125,6 millions de dollars. Ainsi, dès 2025, la NASA pourrait avoir transposé en orbite basse le modèle qu'elle a réussi à mettre en place en sous-traitant ses lancements spatiaux à des entreprises privées telles que SpaceX. La situation serait donc l'exact inverse de celle des années 2000, où les touristes privés profitaient de places libres à bord de vols institutionnels pour assouvir leur soif d'adrénaline. Vingt-cinq ans plus tard, c'est au tour des astronautes professionnels d'occuper des places vacantes aux côtés des touristes afin de réaliser des expériences scientifiques dans une ou plusieurs stations gérées par le secteur privé.

Sur le papier, ce schéma gagnant-gagnant a tout pour convaincre. Il est d'ailleurs largement mis en avant par Axiom Space pour justifier l'envoi de civils dans l'espace. Lors de la première mission Ax-1 en 2022, Larry Connor, Mark Pathy, Eytan Stibbe et Michael Lopez-Alegria n'étaient pas partis les mains vides. Vingt-six expériences scientifiques ont été réalisées par leurs soins pendant leur séjour dans l'ISS, en rapport avec les cellules souches, la santé cardiaque ou les techniques d'assemblage autonome d'un vaisseau en apesanteur. Pourquoi se priver d'un concept où des milliardaires payent une fortune pour vivre des sensations fortes en orbite basse, tout en embarquant des projets scientifiques de la NASA qui n'auraient peut-être jamais vu le jour autrement ? Qu'y a-t-il de mal, après tout, à mêler science et loisir ?

Cette partie du raisonnement montre rapidement ses limites. On peut en effet douter que des astronautes amateurs mèneront des expériences scientifiques avec la même expertise et la même efficacité que des professionnels. Triés sur le volet en fonction de leurs capacités physiques et cognitives hors normes, ces derniers consacrent au moins sept années de leur vie à s'entraîner pour leur mission, à apprendre l'informatique, la mécanique, les sciences et certaines langues indispensables pour communiquer entre eux. Rien de tel ne sera fait par des milliardaires généralement pressés par le temps, qui ont surtout pour objectif de s'amuser… Ce qui soulève la question des efforts à déployer pour encadrer ces amateurs de l'espace, qui ne réalisent pas toujours à quel point le vide cosmique peut se révéler hostile. Pas question d'être pris par une crise de panique pendant des moments clés de la mission, ou de perdre ses nerfs après plusieurs jours confinés dans une boîte exiguë. C'est la raison pour laquelle la NASA a publié en août 2022 de nouvelles directives encadrant les vols spatiaux privés. Parmi elles, la présence obligatoire d'un astronaute faisant office de commandant de bord, l'allongement de l'entraînement et des critères physiques pour être habilité à se rendre dans l'espace.

Les défenseurs du tourisme spatial disposent d'un autre argument massue, que l'on entend régulièrement dans les débats autour de l'industrie du luxe : il participerait d'un cercle vertueux en alimentant l'appareil économique. Favorisant une distribution de la richesse dans de nombreux secteurs, il bénéficierait finalement non pas à une élite ultra-minoritaire, mais au plus grand nombre. Thomas Pesquet lui-même estimait, en direct depuis l'ISS, que le tourisme spatial « peut être un bien. Il faut espérer que ça sera une force positive. Cela peut même essaimer : je vois déjà ce que notre expédition peut créer comme emplois. Des jobs très qualifiés d'ingénieurs. Mais pas seulement. Parmi les constructeurs de fusées, il y a des chaudronniers qui fabriquent les réservoirs de carburant, des plongeurs qui viennent nous récupérer dans l'Atlantique quand on se pose… Cet aspect-là est positif. Chaque fois que l'on se confronte à des défis, qu'on est aux limites de l'homme, que l'on a des challenges, il en sort de l'inventivité. Les gens se dépassent, créent des choses, et inventent ».

Il est vrai que la conquête spatiale a contribué à de nombreuses innovations entrées depuis dans notre quotidien. Les premiers langages de programmation informatique ont été développés pour le programme Apollo. C'est en voulant améliorer la qualité des photographies de la surface lunaire que l'on a pu perfectionner l'imagerie médicale. Le logiciel développé pour analyser les données sur les trous noirs récoltées par le satellite ROSAT a été réutilisé pour diagnostiquer les cancers de la peau à des stades précoces. Le développement de techniques de traitement de l'air dans les différentes stations spatiales s'est exporté dans le milieu hospitalier. En 1960, le film plastique aluminé en mylar, chargé de réfléchir les ondes radio sur le satellite Echo 1, a inspiré la création de la couverture de survie. Les coussins gonflables de sécurité – les fameux airbags – sont nés du développement des accéléromètres spatiaux. Le téflon recouvrant les poêles a d'abord été mis au point pour protéger les satellites des chocs de l'espace. Les matériaux composites ultralégers et résistants (par exemple en fibre de carbone) développés pour les fusées et les satellites sont désormais massivement déployés sur des infrastructures terrestres telles que les TGV. Etc.

L'indécence du luxe en question

Et pourtant… Pour beaucoup, la pilule du tourisme spatial ne passe pas. S'est-on trop longtemps habitué à voir l'espace comme un « terrain de science » pour accepter l'idée d'en faire un jour un « terrain de jeu », selon les mots de Claudie Haigneré ? Sans doute. Mais il est difficile de croire que la baisse des coûts de lancement et d'accès à l'espace permettra un jour à une famille de s'offrir un week-end dans l'ISS. Certains entrepreneurs plus ou moins rêveurs osent pourtant se plonger dans cet avenir futuriste. La société Orbital Assembly promet ainsi d'ouvrir dès 2025 les réservations dans un nouvel hôtel spatial qui devrait tourner autour de la Terre à partir de 2027. Baptisé « Voyager Station », ce « parc d'affaires » aux allures de Grande roue pourrait accueillir quatre cents personnes, des hommes ou des femmes tentés par le télétravail en orbite ou de simples touristes. « Nous essayons de faire comprendre au public que l'âge d'or du voyage spatial approche à grands pas », estime le dirigeant d'Orbital Assembly John Blincow. Là encore, gageons que seule une nouvelle catégorie sociale particulièrement aisée pourra s'envoyer en l'air en toute insouciance.

Dans ce contexte, le tourisme spatial est condamné à subir les foudres propres au marché de l'ultra-luxe. Le luxe est associé au pouvoir sans retenue, à la consommation indécente, à l'exubérance, l'excès de paraître et, à ce titre, fait l'objet de condamnations morales. Le luxe favoriserait l'orgueil, chacun voulant se distinguer par la possession d'objets frivoles ou, en l'occurrence, l'achat de services superflus. Cette aliénation dans le souci de posséder plus que son voisin romprait toute notion de solidarité. Le touriste spatial ne prend pas seulement de la hauteur physique, il surplombe avec mépris le commun des mortels restés cloués au sol en faisant étalage de ses richesses. Il concentre tous les symboles de l'injustice dans la répartition des biens, qu'il se permet de gaspiller au vu et au su de tous ceux qui en manquent. Il représente la pleine expression d'instincts primaires, de désirs individualistes assouvis tête baissée, incapable de réfléchir aux conséquences et à l'image qu'il renvoie. Sans destination ni but précis, a-t-on besoin de partir dans l'espace, si ce n'est pour se démarquer des autres, avoir la sensation de réaliser quelque chose d'exceptionnel dans sa courte vie, de pouvoir tout acheter, y compris l'inaccessible ? Le tourisme spatial n'est-il pas, en somme, le révélateur de notre incapacité puérile à refréner nos frustrations ?

En septembre 2018, le Japonais Yusaku Maezawa achète à Elon Musk les services du système Starship de SpaceX, pour entreprendre d'ici quelques années un voyage... vers la Lune ! Baptisée « DearMoon project », la mission est entièrement financée par ce milliardaire. On peut prendre les initiatives de Maezawa au sérieux, tant il semble se préparer à cette échéance. Le 12 septembre 2019, il annonçait sa démission du poste de PDG de son entreprise, en revendant 30 % de ses parts, afin de s'entraîner pour sa mission spatiale. Quelques mois plus tard, Maezawa voulait organiser un concours télévisé afin de sélectionner la femme de sa vie qui l'accompagnera dans son épopée céleste afin de « crier [leur] amour et la paix dans le monde depuis l'espace »... Avant d'opter pour une formule plus raisonnable : collectionneur d'art à ses heures, il offrira des places à ses côtés à huit artistes dont les noms ont été dévoilés le 8 décembre 2022. Un an plus tôt, il s'offrait un petit tour de chauffe en décollant de Baïkonour à bord d'un vaisseau russe Soyouz, direction l'ISS pour un séjour de douze nuitées. Tout cela pour quoi ? Pour le progrès humain ? Les hommes sont déjà allés sur la Lune. La science ? On a plutôt l'impression d'assister à une version spatiale d'une émission de téléréalité.

Les vols suborbitaux

Afin de casser ce sentiment d'ultra-privilège lié au tourisme spatial, certains entrepreneurs ont décidé de viser moins haut, dans l'espoir de démocratiser suffisamment l'accès à l'espace comme cela a été le cas pour l'aviation. Plutôt que de jouer au véritable astronaute en passant plusieurs jours en orbite autour de la Terre, on se contente d'en proposer un avant-goût. C'est tout le sens des vols suborbitaux imaginés par des sociétés telles que Virgin

Galactic ou Blue Origin. Comme leur nom l'indique, les vols suborbitaux atteignent une vitesse inférieure à celle requise pour se maintenir en orbite autour de la Terre. En d'autres termes, l'engin spatial accélère suffisamment pour franchir les limites de l'espace, avant de redescendre sur Terre en suivant une parabole. Une sorte de saut de puce qui permet de passer quelques secondes, voire quelques minutes, en apesanteur, afin d'y observer la courbure de la Terre.

Problème : comment définir la frontière entre la Terre et le vide spatial, puisque l'atmosphère n'est finalement qu'un milieu continu rempli d'air dont la densité diminue à mesure que l'on gagne en altitude ? Où s'arrête vraiment « l'espace aérien » et où commence « l'espace extra-atmosphérique » ? La question peut paraître triviale, elle est en réalité fondamentale et… politique ! En effet, le droit spatial est très différent du droit régissant l'espace aérien souverain situé au-dessus des pays. L'actualité récente nous a montré qu'un objet traversant le ciel américain – par exemple un ballon chinois non identifié – pourra être perçu comme inamical et abattu sans ménagement. Si le même objet passait au-dessus du territoire américain, mais à une altitude supérieure aux limites de l'espace, alors les traités internationaux s'appliqueraient, stipulant que le milieu extra-atmosphérique est libre d'être exploré et utilisé par tous.

Historiquement, l'US Air Force et la NASA fixent cette limite à 80 kilomètres d'altitude, là où, d'après les calculs du physicien Theodore von Kármán, les forces aérodynamiques sont tellement faibles que l'atmosphère seule ne suffit plus à soutenir un vaisseau en vol. La Fédération aéronautique internationale utilise quant à elle des calculs un peu plus modernes pour placer la frontière à 100 kilomètres au-dessus du niveau de la mer. Formellement parlant, on peut retrouver des molécules d'air bien au-delà, de sorte qu'il faudrait en réalité voyager jusqu'à 950 kilomètres d'altitude avant de se retrouver dans le « vide spatial ».

Alors, à qui doit-on décerner le statut « d'astronaute » ? Preuve que le tourisme spatial est avant tout une question d'image et de prestige, à l'été 2021, deux milliardaires se chamaillent pour s'octroyer la primeur d'avoir franchi les limites de l'espace. Le 11 juillet, l'entrepreneur britannique Richard Branson prend place à bord du vaisseau VSS Unity, de la société dont il est le fondateur et patron, Virgin Galactic, aux côtés de trois employés. Accroché sous un immense avion porteur, le module aux allures de jet hypersonique est largué à une quinzaine de kilomètres d'altitude avant d'allumer son moteur pour une ascension supersonique à près de 90 kilomètres. Une fois les gaz coupés, les passagers se détachent de leur siège pour flotter quelques minutes en apesanteur, admirant la courbure de la Terre depuis l'un des douze hublots de la cabine. Sensations garanties. Après une redescente en vol plané, VSS Unity se pose sans encombre sur une piste de la base Spaceport America dans l'État du Nouveau-Mexique. Tout sourire, le sexagénaire décrit une « expérience unique dans une vie ». Dans les heures qui suivent, ses équipes de communication font des pieds et des mains pour convaincre les médias : Richard Branson est le premier entrepreneur à avoir réalisé un voyage 100 % privé dans l'espace, sans astronaute professionnel à ses côtés pour le guider, dans un engin dont il est le propriétaire.

Surtout, Branson a devancé de quelques jours seulement l'homme alors le plus riche de la planète, Jeff Bezos, qui prévoyait de réaliser le même exploit une semaine plus tard. Réponse de l'intéressé le 20 juillet : à bord de sa fusée New

Shepard, le fondateur d'Amazon s'élance jusqu'à 107 kilomètres d'altitude avant d'atterrir à la verticale sur ses quatre pieds, exactement comme la fusée de Tintin, 10 minutes et 10 secondes plus tard. Pour parfaire sa communication, Jeff Bezos a pris place aux côtés d'un équipage calibré pour faire la une des journaux : son frère, une aviatrice américaine de 82 ans et un jeune Néerlandais de 18 ans. Bataille de chiffres immédiate : au-delà d'être resté plus longtemps en apesanteur que le vaisseau de Richard Branson, le New Shepard a dépassé la frontière reconnue par la Fédération aéronautique internationale, contrairement au patron de Virgin Galactic qui s'est « contenté » de voler au-dessus de 80 kilomètres d'altitude, une « frontière » de l'espace que seuls les États-Unis reconnaissent. Dans un tweet, Blue Origin publie une infographie ressemblant à un comparatif de machines à laver, dans laquelle on apprend que les hublots du New Shepard sont plus grands que ceux de Virgin Galactic, précédée du texte : « New Shepard a été conçu pour voler au-dessus de la ligne de Kármán, afin qu'aucun de nos astronautes n'ait un astérisque à côté de son nom. Pour 96 % de la population mondiale, l'espace commence à 100 kilomètres. »

Le commun des mortels, quant à lui, ne sait plus s'il doit rire ou pleurer devant cette guerre entre milliardaires, qui marque le début d'une nouvelle ère dans le tourisme spatial. Avec des billets proposés entre 200 000 et 300 000 dollars, la classe moyenne peut enfin envisager de sacrifier l'achat d'une maison pour passer 3 petites minutes dans l'espace. « Les voyages en avion ont vraiment été un luxe au début, notait très justement Thomas Pesquet depuis la station spatiale. Quand on voit ce que c'est devenu maintenant. Avant la pandémie, on était beaucoup à voyager un peu partout dans le monde avec l'essor des [compagnies aériennes] low-cost. » Voilà en effet des décennies que le trafic aérien suit une progression exponentielle depuis les années 1970. Ce sont 4,5 milliards de passagers qui ont pris place à bord d'avions de ligne en 2019, un chiffre très vite rétabli, voire dépassé, en 2023, une fois la parenthèse Covid fermée. C'est 2,5 fois plus de passagers dans le monde qu'il y a à peine vingt ans, avec des prix de billets bien plus accessibles.

Après tout, il ne serait pas absurde de prédire une telle trajectoire à long terme pour les vols suborbitaux. Mais à la différence du transport aérien, le tourisme spatial n'a aucune autre fonction que celle du divertissement, sorte de manège à sensations. Toujours depuis la Station spatiale, Thomas Pesquet estimait que la démocratisation du transport aérien avait apporté « un vent de positivité », puisque « les gens peuvent aller loin de chez eux, se confronter à d'autres cultures, apprendre des choses sans être millionnaires ». L'argument fait mouche, indéniablement. Mais à la rencontre de qui ou de quoi part-on dans l'espace ? À quoi va-t-on se confronter ? Qu'apprend-on pendant 3 minutes passées en apesanteur ? À cette attaque sur la vacuité du tourisme spatial, ses défenseurs ont une réponse toute trouvée. De retour sur le plancher des vaches, Jeff Bezos déclarait avoir été « abasourdi par la beauté et la fragilité de la Terre ». Pour sa part, Richard Branson confiait : « J'ai rêvé de ce moment depuis tout petit, mais rien ne pouvait me préparer à la vue de la Terre depuis l'espace. » Ce bouleversement de notre vision de notre planète, la prise de conscience de sa vulnérabilité, sont rapportés par tous les voyageurs de l'espace, professionnels ou amateurs. Dans une conversation, Thomas Pesquet décrivait à Emmanuel Macron son expérience en apesanteur depuis la Station spatiale : « Par le hublot […] on voit distinctement la fragilité de la Terre, une oasis avec des ressources limitées, et les effets néfastes des activités humaines, la pollution des rivières, la pollution atmosphérique. »

En prenant place à bord de sa fusée New Shepard, juste avant le décollage, le patron d'Amazon allait encore plus loin dans sa vision du tourisme spatial, au micro de la chaîne américaine MSNBC : « Nous devons déplacer dans l'espace toute l'industrie lourde et polluante, afin de conserver ce beau joyau de planète qu'est la Terre. Cela va prendre des décennies et des décennies à accomplir, mais il faut bien commencer, et les grandes choses commencent par des petits pas… C'est ce que cette mission touristique suborbitale nous permet de faire, elle nous permet de s'entraîner, encore et encore. » Des propos cohérents avec d'autres déclarations grandiloquentes sur de futures colonies spatiales censées répondre aux menaces sur l'environnement. Lors d'une conférence donnée à l'Ignatius Forum en novembre 2021 dans la ville de Washington, le milliardaire a ainsi expliqué qu'à terme, l'humanité serait amenée à utiliser les ressources spatiales pour vivre et travailler dans d'immenses structures en orbite autour de la Terre, laquelle deviendrait une sorte de parc naturel de type Yellowstone où l'on viendrait faire du tourisme.

Or, nous le verrons plus tard, l'exploitation des ressources spatiales reste une activité extrêmement spéculative. Déplacer la vie humaine dans l'espace, si c'est un jour possible, ne se fera pas avant plusieurs générations, « des décennies et des décennies » pour reprendre les paroles de Jeff Bezos. L'humanité et la planète Terre ont-elles le luxe d'attendre aussi longtemps, dans le contexte d'urgence climatique que l'on connaît ? Surtout, ces milliardaires vivent-ils à ce point sur une autre planète pour ignorer que ces excursions de l'extrême consomment beaucoup d'énergie et contribuent au dérèglement climatique ? Drôle de tournure d'esprit, qui consisterait donc à polluer la Terre avec le tourisme spatial, pour se convaincre de la sauver. D'ailleurs, que savent vraiment les scientifiques sur l'impact environnemental des fusées ? Quelques individus ne sont-ils pas en train d'avancer à l'aveugle, au risque de ruiner, pour quelques minutes de loisir personnel, les efforts de sobriété énergétique consentis par le reste de la population mondiale ?

8.
Pollution : la part du spatial

C'est devenu une question récurrente que me posent ma famille, mes amis ou des journalistes. Plus qu'une question, il s'agit souvent d'une assertion, tant le point d'interrogation semble facultatif la plupart du temps : « Un lancement de fusée, ce n'est quand même pas très écolo (?). »

En effet, un lancement spatial, ce n'est pas très écolo. Oui, arracher un satellite de plusieurs tonnes à l'attraction terrestre pour le mettre en orbite à plusieurs centaines, milliers, dizaines de milliers de kilomètres requiert beaucoup d'énergie. Nulle centrale nucléaire, éolienne, parc photovoltaïque ou barrage hydraulique ne permettra d'apporter en une poignée de secondes la puissance de dix Airbus A380 à la fois. Aucun moteur électrique ou hybride – pas même ceux qui équipent les chasseurs F/A-18 de *Top Gun* – ne soulèvera un bolide de près de 800 tonnes pour l'amener à plus de 200 kilomètres d'altitude en 6 minutes, le faisant passer de 0 kilomètre par heure à 15 000 kilomètres par heure.

Je comprends parfaitement ces interrogations. Admirer un lancement de fusée, c'est aussi remarquer ces volutes de fumée que les moteurs exhalent dès les premières secondes sur le pas de tir. Être ébloui par ce qui ressemble à une immense boule de feu au moment du décollage. Distinguer un flot continu de flammes que recrachent les premiers étages, ceux-là même qui fournissent jusqu'à 90 % de la poussée totale, afin d'arracher le mastodonte à la Terre. Constater enfin, entre émerveillement et inquiétude, ces impressionnantes colonnes de fumée blanche qui se forment au passage d'une fusée Ariane, serpentant dans le ciel au gré des vents en altitude lors de son ascension à la verticale, avant qu'elle ne bascule à l'horizontale pour amorcer sa mise en orbite autour de la Terre. Émerveillement, car ces panaches de fumée permettent de produire des images époustouflantes. Cela vaut le coup de s'attarder quelques minutes sur les rares vidéos amateurs prises par des passagers d'avions effectuant la liaison Paris-Cayenne, où l'on aperçoit une boule de feu émerger d'une mer de nuages, retenue, on le jurerait et sans mauvais jeu de mots, par un fil d'Ariane. Inquiétude, car en y regardant d'un peu plus près, on se demande ce que contiennent les produits de combustion relâchés dans l'atmosphère. Ces gaz sont-ils polluants ? Contribuent-ils au dérèglement climatique ? Ces questions méritent d'être posées, surtout quand on sait que les traînées de vapeur générées par le passage des avions à réaction suffisent à déclencher les théories conspirationnistes les plus extravagantes.

Ma première réponse suscite généralement – à juste titre, j'y reviendrai plus tard – de la surprise, voire du scepticisme : selon les estimations réalisées à ce jour par le secteur, l'empreinte carbone de la phase de lancement d'une fusée, en l'occurrence une Ariane 5, équivaut à... un vol aller-retour Paris-New York embarquant deux cent trente passagers ! Soit environ 250 tonnes de dioxyde de carbone. Pour comparer ce qui est comparable, les experts du GIEC ont créé une unité de mesure, l'« équivalent CO_2 », permettant de prendre en compte l'ensemble des gaz à effet de serre produits lors d'une combustion, et de les pondérer par leur potentiel à contribuer au réchauffement climatique. Dans ce calcul, le CO_2 sert d'étalon, de sorte qu'une tonne de méthane, qui a un pouvoir de réchauffement global vingt-huit fois plus élevé en moyenne qu'une tonne de CO_2, est comptabilisée comme 28 tonnes d'« équivalent CO_2 ». (Par souci de clarté, j'écrirai systématiquement « CO_2 » au lieu d'« équivalent CO_2 » dans la suite du texte.)

Pour expliquer la « faible » émission apparente en CO_2 d'une Ariane 5, il faut se rappeler qu'une fusée rejette, certes, une quantité massive de combustible brûlé dans l'atmosphère – à eux deux, les boosters latéraux à poudre pèsent plus de 500 tonnes, soit 70 % de la masse totale de la fusée – mais elle ne le fait que pendant 2 minutes 30, avant d'atteindre 1 minute plus tard les limites de l'espace. Globalement, les lanceurs de la gamme Ariane ou Falcon rejettent entre 200 et 400 tonnes de CO_2 dans l'atmosphère. À première vue – à première vue seulement –, au jeu des comparaisons, le spatial s'en sort haut la main. Le média en ligne *Everyday Astronaut* a fait un rapide calcul. En 2018, l'aviation commerciale avait réalisé près de quarante millions de décollages, rejetant plus de 900 millions de tonnes de CO_2. Avec cent quatorze fusées lancées cette année-là, le spatial avait rejeté environ 23 000 tonnes de CO_2 dans l'atmosphère. L'augmentation du nombre de lancements spatiaux ces dernières années, passé à environ cent cinquante en 2022 et en 2023, ne change pas fondamentalement cet équilibre : pour être au niveau de l'aviation, l'industrie spatiale devrait envoyer trente à quarante mille fois plus de fusées qu'aujourd'hui. Et puisque l'aviation ne représente que 2,4 % des émissions de CO_2 dans le monde, la part du spatial retombe à… 0,000078 % !

Qu'en est-il du bilan carbone d'un touriste spatial ? D'après le rapport environnemental des fusées Falcon, daté de février 2020, leur seule traversée de l'atmosphère émet environ un peu plus de 380 tonnes de CO_2. Si l'on ajoute à cela l'atterrissage du premier étage responsable, du fait du réallumage des moteurs pendant la traversée retour, de l'émission de 155 tonnes de CO_2, ainsi que la récupération de la capsule habitée Dragon grâce à des navires spécialisés et un hélicoptère, le bilan carbone d'une mission touristique vers la Station spatiale internationale reviendrait à 1 178 tonnes de CO_2, soit... près de 300 tonnes par passager ! C'est comme si chacun de ces milliardaires s'octroyait à lui seul un Airbus A330 de moyenne capacité pour réaliser un aller-retour Paris-New York (ou, vu autrement, comme s'ils effectuaient chacun deux cent cinquante vols transatlantiques en tant que passagers d'un avion de ligne). Cela représente 2,3 millions de kilomètres parcourus au volant d'une voiture équipée d'un moteur standard, soit cinquante-huit tours du monde en suivant l'équateur. En une semaine d'apesanteur, ces astronautes du dimanche auront grillé quatre fois et demie le budget total de CO_2 qu'un enfant né aujourd'hui devra consommer pendant quatre-vingt-cinq ans si l'on souhaite respecter l'objectif de l'accord de Paris de contenir la hausse des températures à 1,5 °C.

Niveau bilan carbone, le Japonais Yusaku Maezawa prendra perpétuité avec son voyage autour de la Lune. Le milliardaire montera à bord de la mégafusée Starship de SpaceX, celle-là même qui a explosé le 20 avril 2023 après plusieurs vrilles spectaculaires, ravageant au passage le pas de tir et projetant des particules à 10 kilomètres à la ronde. Dix fois plus puissante au décollage que la Falcon 9, Starship produira plus de 3 000 tonnes de CO_2. Un bilan carbone effroyable pour Maezawa, qui ne compte pas son vol d'essai à bord d'une fusée Soyouz, ni tous les « extras » liés à la récupération de la capsule habitée en mer.

La partie émergée de l'iceberg...

Pour répondre à la problématique environnementale liée aux vols suborbitaux, Blue Origin dégaine un argument massue. Grâce à sa propulsion à base d'hydrogène et d'oxygène liquide, la brève traversée dans l'atmosphère de la mini-fusée New Shepard ne rejette quasiment pas de CO_2. L'écrasante majorité des sous-produits de la combustion de son moteur est... de la vapeur d'eau ! Doit-on pour autant classer le dossier Blue Origin ? Rien n'est moins sûr.

Jusqu'à nouvel ordre, nous ne disposons pas encore d'une source d'énergie magique. Pour estimer réellement l'impact environnemental d'un lancement de fusée, on ne peut pas se contenter de prendre en compte les gaz à effet de serre émis pendant la traversée d'un vaisseau dans l'atmosphère. C'est tout le cycle de vie d'une fusée, depuis sa production jusqu'au lancement, en passant par la construction d'un pas de tir, qu'il faut regarder. En l'occurrence, l'hydrogène liquide utilisé dans les fusées telles la New Shepard de Blue Origin est généralement obtenu par reformage à la vapeur du gaz naturel, un processus qui libère 12 kilos de CO_2 par kilogramme d'hydrogène. Oxygène liquide produit et maintenu à – 183 °C, kérosène spécialement raffiné, boosters à poudre : de manière générale, la fabrication des carburants d'une fusée participe jusqu'à 50 % de l'ensemble des impacts environnementaux du cycle de vie d'une mission spatiale. Ajoutez à cela l'extraction, le transport et la transformation des matériaux de haute qualité, l'acier ou l'aluminium par exemple, nécessaires pour fabriquer les réservoirs ou tout autre composant de la fusée, l'empreinte carbone d'une mission spatiale est rapidement multipliée par... dix !

Surtout, la communauté scientifique commence tout juste à comprendre que ces bilans carbone des lancements de fusées communiqués jusqu'ici souffrent de simplifications excessives. En réalité, elles ne représentent que la partie émergée de l'iceberg. En effet, les imposants moteurs de fusée ne rejettent pas seulement du CO_2 ou autres composés équivalents. Les boosters à poudre qui équipent Ariane 5 ou le Space Launch System (SLS) qui propulsera des futurs astronautes sur la Lune contiennent du perchlorate d'ammonium, de la poudre d'aluminium et du polybutadiène hydroxytéléchélique, une substance généralement utilisée comme liant. Brûlé, ce mélange produit principalement des oxydes de carbone, mais aussi de la vapeur d'eau, des composés chlorés et des particules fines d'aluminium. Les moteurs à propulsion liquide des fusées Falcon, qui utilisent un mélange de kérosène spécialement raffiné et de l'oxygène liquide, produisent du CO_2, bien sûr, mais aussi du monoxyde de carbone, de la vapeur d'eau, des oxydes d'azote et des particules fines de carbone. Peu ou prou le même cocktail que le SpaceShipTwo de Virgin Galactic.

À la différence des avions de ligne, qui rejettent les produits de combustion à basse altitude, les fusées les disséminent dans toutes les couches de l'atmosphère, y compris les couches supérieures où ils resteront pendant plusieurs années. Et là, les analyses préliminaires des chercheurs ont de quoi surprendre. Certains produits de combustion, notamment les oxydes d'azote, participent d'une manière démesurée à la destruction de la couche d'ozone. Selon les calculs de jeunes chercheurs du Space Generation Advisory Council, un réseau professionnel ayant pour but de sensibiliser et d'éclairer les Nations unies et les agences spatiales sur les nouvelles problématiques du secteur, l'impact sur la couche d'ozone d'un touriste s'adonnant aux vols suborbitaux sera 1 500 fois plus grand que celui d'un Européen en un an (80 000 fois plus grand pour un vol orbital et 300 000 fois plus grand pour un vol autour de la Lune).

Le cas des émissions de particules fines est encore plus incertain. D'après Martin Ross, chercheur à l'Aerospace Corporation et co-auteur d'une série d'articles consacrés aux émissions des fusées, les cent quatorze fusées qui ont pris leur envol en 2018 ont généré 225 tonnes de « noir de carbone » – des particules fines constituées de carbone, produits par la combustion incomplète de carburant et dont la couleur noire absorbe la lumière – dans la stratosphère, où se situe la couche d'ozone. Soit autant que les 40 millions d'avions qui ont décollé cette année-là. À la différence des aéronefs, qui les éjectent à 10 kilomètres d'altitude, où elles sont rapidement lessivées par les vents, les particules fines générées par les fusées restent trois à quatre années en suspension dans la haute atmosphère, où elles ont tendance à s'accumuler. À ces altitudes, les particules de noir de carbone absorbent les radiations solaires et réduisent ainsi légèrement le flux d'énergie lumineuse que la Terre réfléchit et renvoie dans l'espace – ce pouvoir réfléchissant est appelé l'albédo terrestre. Plus brillantes, les particules d'aluminium ont au contraire tendance à réfléchir à la fois les rayons venant du sol et ceux venant du Soleil, augmentant cette fois ledit albédo.

Paradoxalement, ces deux phénomènes ont la même conséquence pour l'atmosphère sous-jacente, à savoir une réduction de l'intensité du flux solaire entrant dans la troposphère, la couche la plus basse, contenant l'air que nous respirons. Or, de telles réductions des rayons du Soleil causées par les particules stratosphériques sont bien connues pour refroidir la basse atmosphère. « Par conséquent, et peut-être de manière inattendue, les émissions de lancement de fusées contribuent au refroidissement de la basse atmosphère et de la surface de la Terre, explique le chercheur. En d'autres termes, les lancements de fusées refroidissent la surface terrestre autant que l'aviation la réchauffe. » Mais Martin Ross prévient : ce serait une erreur de s'arrêter à ces conclusions. « La recherche montre que la Terre réagit aux injections de particules stratosphériques de manière complexe, certaines régions atmosphériques devenant plus chaudes et d'autres plus froides [...]. Démêler cette complexité et évaluer avec précision les effets potentiels de l'augmentation à venir des émissions de fusées nécessitent des efforts de modélisation informatique sophistiquée. »

Même la vapeur d'eau pourrait avoir des effets délétères sur le climat. À première vue parfaitement inoffensives, les vapeurs d'eau rejetées par les moteurs de fusées peuvent former des nuages polaires stratosphériques à haute altitude, dont l'impact sur le dérèglement climatique est encore mal connu. Certaines études scientifiques sur l'aviation hypersonique leur attribuent un effet réchauffant au sol. Dans un article publié dans *Physics of Fluids* en mars 2022, les chercheurs chypriotes Ioannis Kokkinakis et Dimitris Drikakis estiment par ailleurs que les vapeurs d'eau gèlent immédiatement dans les très hautes couches de l'atmosphère, nécessairement beaucoup moins denses et ne contenant pratiquement pas d'eau. Devant ces nouveaux phénomènes, c'est la page blanche : les chercheurs n'ont aucune idée des conséquences de la présence de ces cristaux de glace à cette altitude...

En prenant en compte tous les paramètres connus à l'époque, Martin Ross estimait en 2014 le pouvoir réchauffant des fusées à 16 mégawatts par mètre carré (une unité de mesure également utilisée pour évaluer la puissance d'un radiateur). Plus récemment, le chercheur Robert Ryan, de l'University College de Londres, le portait à 8 mégawatts par mètre carré (sans prendre en compte les effets de l'alumine, encore trop incertains selon lui). Ces chiffres sont à comparer aux 100 mégawatts par mètre carré générés par l'aviation. En d'autres termes, les fusées réchauffent autant la stratosphère qu'un dixième de l'aviation réchauffe la troposphère. On est loin des comparaisons flatteuses réalisées jusqu'ici en faveur des activités spatiales...

Dans ce contexte, l'exigence d'un espace utile prend tout son sens. Car à la différence des vols aériens transportant des touristes d'un bout à l'autre de la planète, qui resteront quelques jours sur place avant de rentrer chez eux, ou d'un touriste spatial s'offrant quelques minutes en apesanteur, un satellite restera cinq, dix, vingt ans en orbite, et délivrera de nombreux services participant à rationaliser nos activités sur Terre. Les satellites de télécommunication permettent de mieux communiquer à distance, sans avoir à prendre la voiture, le train ou... les avions ! Les satellites de navigation tels que les systèmes Galileo européen, GPS américain ou Baidu chinois aident nos véhicules à optimiser leurs itinéraires ou participent à la synchronisation des réseaux électriques, afin d'assurer un équilibre presque parfait entre la production et la consommation d'énergie. Les satellites d'observation de la Terre accompagnent les agriculteurs afin d'optimiser l'utilisation des terres et les gouvernements pour gérer les ressources naturelles. Grâce aux satellites, les scientifiques étudient les océans et la biodiversité, tandis que de nouveaux services de secours d'urgence sont assurés en mer ou en montagne. À la suite de l'explosion survenue dans le port de Beyrouth le 4 août 2020, des données satellitaires, dont celles fournies par les satellites Pléiades européens, ont été réunies au plus vite afin d'aider les opérations de secours, dans le cadre d'une Charte internationale « Espace et catastrophes majeures ». La comparaison des images montrant la zone portuaire avant et après la catastrophe a largement circulé sur les réseaux sociaux et témoigne de la violence inouïe de l'explosion.

Enfin, grâce à leur capacité à boucler une rotation autour de la terre en 90 minutes, les satellites permettent d'étudier les mécanismes à l'œuvre dans le changement climatique comme aucune sonde ne pourrait le faire depuis la terre ferme. Vingt-six des cinquante variables climatiques essentielles qui décrivent le climat peuvent uniquement être observées depuis l'espace. Ces dernières années, l'Europe a déployé le satellite ADM-Aeolus pour étudier le profil des vents dans toutes les couches de l'atmosphère, ou le satellite Vénμs pour sonder les processus à l'œuvre dans la biosphère terrestre, notamment les forêts. Depuis 2014, les Européens financent un grand programme, Copernicus, pour déployer des satellites appelés Sentinelles, véritables vigies pour connaître et protéger notre environnement. Les images terribles de la sécheresse qui a sévi en France à l'été 2022 ont été produites par les Sentinelles, faisant prendre conscience des conséquences immédiates du réchauffement climatique. En août 2023, les mêmes Sentinelles témoignaient de la mort de dix mille poussins manchots empereurs dans l'Antarctique, suite à la fonte subite de la banquise, faisant craindre une extinction de l'espèce d'ici la fin du siècle.

Pour éviter de reproduire les erreurs irréversibles du passé avec les émissions de CO_2, les chercheurs appellent à consacrer davantage de ressources à l'étude des impacts environnementaux des lancements de fusées, avant que leur nombre n'explose. Une sorte de course contre la montre que la recherche pourrait malheureusement perdre à court terme. Le 29 juin 2023, Virgin Galactic a emmené ses premiers clients dans l'espace, avec l'objectif de réaliser à court terme trois vols par mois, puis jusqu'à quatre cents vols par an en rythme de croisière. Admettant qu'il lui faudrait plusieurs années avant de devenir rentable, la société a d'ores et déjà vendu huit cents places au prix d'environ 200 000 dollars l'unité. Preuve d'une équation économique sans doute plus complexe que prévu, les billets sont désormais proposés à 450 000 dollars l'unité. Depuis le premier vol réussi de la fusée New Shepard de Blue Origin, cinq nouvelles missions ont eu lieu dans une relative discrétion médiatique en onze mois, transportant chacune quatre à six personnes principalement venues des États-Unis, mais aussi du Canada, d'Angleterre, du Brésil, d'Australie, d'Égypte et du Portugal, toutes prêtes à débourser entre 200 000 et 300 000 dollars pour 3 petites minutes en apesanteur.

Malgré tout, force est de constater que l'espace continue de faire rêver le commun des mortels. D'après un sondage de l'agence de voyages VoyagesPirates, 76 % des deux mille cinq cents Français interrogés se disent prêts à voyager dans l'espace, et 40 % pensent que dépenser 200 000 dollars pour une telle aventure en vaut la peine. Mais le propre d'une société n'est-elle pas justement de canaliser les envies individuelles, souvent égoïstes, au profit d'élans collectifs ? Interrogé par la revue *Usbek & Rica*, le directeur des publics à la Cité de l'Espace de Toulouse, Philippe Droneau, propose aux visiteurs de vivre un vol spatial… sur Terre ! « Nous disons aux gens : si vous ne faites pas partie des quelques élus à aller dans l'espace, nous vous offrons la possibilité de vous asseoir dans une capsule Soyouz, de ressentir ces missions spatiales à travers les caméras, à la définition de plus en plus forte : il y [a] vingt-deux caméras embarquées sur la mission [Perseverance], on pourra créer des simulations extraordinaires avec ça. » Entre les sensations fortes et le métavers, il va nous falloir choisir.

9.
L'exploitation des ressources spatiales

« Enfant, je regardais les actualités télévisées assis sur le tapis, adossé au large pied en bois ventru de la table de la salle à manger. Et j'étais fasciné par les images des astronautes américains des missions Apollo. Je me souviens de leurs silhouettes fantomatiques sautillant sur fond noir. Mais aussi de leur étrange voiture qui soulevait de petits nuages de poussière grise. J'avais alors entre 4 et 5 ans et, à bien y réfléchir, il s'agit peut-être de mon plus lointain souvenir. Ma notion du temps étant alors toute relative, quand il s'écoulait quelques semaines ou quelques mois sans ces images tremblotantes en noir et blanc, je demandais à mes parents quand reviendrait la saison à laquelle les hommes se rendent sur la Lune. »

Ces lignes, comme j'aurais aimé les avoir écrites ! Elles appartiennent à Philippe Henarejos, rédacteur en chef du magazine de l'astronomie *Ciel & Espace*. Quoique légèrement noyée dans les limbes de son enfance, on perçoit dès les premières pages de son livre *Ils ont marché sur la Lune* toute la puissance d'incarnation de cette aventure humaine et technologique des années 70. Lorsque je lève les yeux au ciel, les nuits de pleine lune, je ne peux m'empêcher d'imaginer des petits bonshommes en combinaison blanche bondir de cratère en cratère. Exactement ce que fit mon père lorsque, le 21 juillet 1969, les bulletins d'information lui annonçaient, à lui et à 450 millions d'autres auditeurs et téléspectateurs, que Neil Armstrong et Buzz Aldrin avaient réussi ce pari fou de fouler notre satellite naturel. Mon père avait 13 ans, il se souvient d'avoir été convaincu, sur le moment, de vivre un évènement historique dont il se souviendrait toute sa vie.

Pour moi comme pour toute ma génération et la suivante, l'idée que des humains évoluent à près de 400 000 kilomètres de la Terre reste un concept quasi irréel. Je me contente de m'infliger une bonne dose de vertige en faisant la liste des risques inouïs qu'ont pris les astronautes pour entreprendre un tel voyage. Les puissants moteurs de la fusée Saturn V, le saut dans l'inconnu, le noir d'encre enveloppant les modules pressurisés pendant les longues journées de voyage dans le vide spatial. Le silence oppressant, la vision délirante d'une Lune grossissant à vue d'œil, plus grosse encore que ce que les meilleurs télescopes pourront jamais nous montrer. Je peux parfois comprendre la difficulté que ressentent certains individus, malheureusement souvent biberonnés aux théories du complot, à croire que des humains ont pu accomplir un tel exploit il y a plus de soixante ans. Alors que nous nous contentons d'aller vers l'ISS aujourd'hui, mille fois plus proche de la Terre que ne l'est la Lune.

En novembre 2021, j'ai eu la chance de participer à un dîner en présence de Charlie Duke, le plus jeune astronaute à avoir marché sur la Lune, lors de l'avant-dernière mission Apollo en 1972. Cette rencontre fut probablement la plus marquante de mon existence. Je l'écoutais religieusement raconter ses anecdotes, partager son excitation, voire son impatience avant le décollage, quand le commun des mortels serait tétanisé par la terreur. « Nous n'avions pas peur de décoller, nous craignions plutôt que le lancement soit repoussé à plus tard. Car entretemps, nous pouvions tomber malades, nous casser une jambe, bref, être remplacés par notre doublure. Lorsque nous avons entendu le vrombissement des moteurs, ce n'est pas de la peur que nous avons tous ressentie, mais un profond soulagement. » Aucun doute : j'étais en face d'un extraterrestre témoignant d'un autre monde. On sait d'ailleurs que les astronautes ont du mal à se réadapter aux petits tracas du quotidien. Charlie Duke le disait parfaitement ce soir-là : « Je me suis longtemps demandé, après être allé sur la Lune à 36 ans, ce que je pouvais faire de mieux, de plus excitant, par la suite ? » Personnellement, mes ambitions sont un peu plus modestes. Mon plus grand souhait – spatial, s'entend – est que revienne enfin, après plus de cinquante ans d'absence, la nouvelle « saison à laquelle les hommes vont sur la Lune ».

Bonne nouvelle : ce rêve n'est plus qu'une question d'années. Pour qui n'est pas encore convaincu que le spatial vit actuellement une révolution, il convient de repasser le film du 16 novembre 2022, quand la fusée la plus puissante jamais construite, le Space Launch System de la NASA, a propulsé vers la Lune le module Orion. Nul passager à bord de cette mission de démonstration Artemis I. Après vingt-cinq jours de voyage vers et autour de la Lune, la retombée d'Orion dans l'océan Pacifique, au-dessus duquel il avait déployé ses énormes parachutes, a cependant marqué le coup d'envoi du retour des humains sur notre satellite naturel. Le premier vol avec équipage, Artemis II, prévoit, à l'heure où ces lignes sont écrites, un survol de la Lune en novembre 2024. La NASA a d'ores et déjà dévoilé le nom des quatre astronautes qui auront la chance d'approcher notre satellite naturel pour cette mission d'une dizaine de jours : Reid Wiseman, Victor Glover, Jeremy Hansen et Christina Hammock Koch. L'atterrissage d'astronautes sur le sol sélène est attendu pour 2025. C'est-à-dire demain.

La prochaine vague d'exploration de notre satellite naturel risque cependant d'être bien différente de la précédente. Les « acteurs » de cette nouvelle saison lunaire ont changé, tout comme les raisons qui les poussent à accepter les coûts astronomiques et les obstacles techniques d'un tel programme – ceux-là mêmes qui ont eu raison des missions Apollo il y a cinquante ans. Autrefois l'objet de convoitise des deux superpuissances, la Lune génère de nouvelles alliances et confrontations, et suscite l'intérêt de jeunes nations spatiales. Contrairement aux missions Apollo, la Lune attire également les initiatives privées, dont les missions robotisées, plus modestes, s'apprêtent à se succéder à sa surface. Enfin, la Lune redevient un enjeu stratégique pour les ressources qu'elle renferme : hydrogène, oxygène, eau, mais aussi hélium 3, Graal de la fusion nucléaire, qui apporterait sur Terre une énergie propre et quasi inépuisable pendant plusieurs générations.

Mais cette ruée vers l'or spatial ne risque-t-elle pas de contrevenir aux grands principes fondateurs du Traité sur l'espace de 1967, selon lequel nul n'est en droit de s'approprier les corps célestes ? Assiste-t-on, non pas à une nouvelle course à la Lune, mais à une véritable colonisation de l'astre ? Après avoir épuisé les ressources sur Terre, l'humanité est-elle sur le point de rejouer le match sur la Lune, voire, à plus long terme, sur les astéroïdes, qui renferment des métaux lourds en grandes concentrations ?

La Lune, pour quoi faire ?

Officiellement, les raisons de retourner sur la Lune ont tout pour plaire. Elles sont scientifiques, d'abord. Dix-sept missions Apollo et douze hommes ayant foulé sa surface n'ont pas suffi à élucider tous les mystères de l'astre de la nuit. Comment s'est-elle réellement formée ? La théorie de l'impact géant fait aujourd'hui l'unanimité : il y a 4,5 milliards d'années, la jeune Terre, âgée de « seulement » quelques dizaines de millions d'années, est violemment percutée par une protoplanète de la taille de Mars et les débris générés par cette collision se seraient agglomérés pour former notre satellite naturel. Mais pour valider définitivement ce scénario, les scientifiques doivent caractériser précisément la composition de la Lune, tout du moins les roches en profondeur, celles qui n'ont pas été altérées par l'action des rayonnements cosmiques et les impacts de micrométéorites. En l'absence d'atmosphère, la surface lunaire est en effet bombardée en permanence par des bolides cosmiques, réduisant la roche en une sorte de poussière appelée régolithe. Cette couche dans laquelle est immortalisée la célèbre trace de pas de Buzz Aldrin est une parfaite photographie de l'histoire du système solaire et de l'activité de notre étoile depuis quatre milliards d'années.

La coopération internationale, ensuite. Car à la différence des missions Apollo, les Américains n'iront pas seuls sur la Lune. C'est l'Europe qui fournira au module habité Orion la propulsion, l'alimentation électrique, le contrôle thermique, ainsi que l'apport d'air et d'eau, de sorte qu'en réalité, les astronautes américains respireront et boiront « européen ». La « Lunar Gateway », cette station spatiale en orbite autour de notre satellite, sera mise en place conjointement par les États-Unis, l'Europe, le Japon et le Canada. Elle doit succéder à la Station spatiale internationale, elle-même symbole de la coopération et de la paix entre les peuples. L'ESA se hisse d'ailleurs au premier rang des partenaires de la Lunar Gateway, en fournissant deux éléments majeurs : le module habité international iHab, où quatre astronautes pourront séjourner pendant plusieurs mois, ainsi que le module ESPRIT, qui assurera la propulsion et les télécommunications de la station tout en permettant de stocker du carburant. D'autres modules devraient permettre des navettes régulières entre la station et la surface lunaire, où les astronautes s'attarderont bien plus longtemps pour réaliser diverses missions d'exploration scientifique. Finis les brefs allers-retours entre la Terre et la Lune du temps d'Apollo : Artemis prévoit une présence durable des humains dans l'environnement sélène.

Le rêve enfin, pour toutes les générations qui, à défaut d'avoir pu vibrer devant les images d'astronautes fonçant sur leur jeep lunaire, se sont contentées de relire les excellentes aventures de Tintin à bord de sa fusée quadrillée rouge et blanc.

D'autres raisons au retour sur la Lune sont moins avouables. Coopération, bien entendu, mais à condition de réaffirmer la prééminence des États-Unis dans l'espace en grillant la politesse à la Chine – et à la Russie par la même occasion. Car nous l'avons vu, les ambitions spatiales de l'empire du Milieu commencent à inquiéter l'Aigle américain. En 2019, le module chinois Chang'e 4 était le premier à atterrir sur la face cachée de la Lune, dans le cratère Von Kármán. Arrivée le 1er décembre 2020 dans l'océan des Tempêtes, situé dans la partie ouest de la surface visible de la Lune, la sonde Chang'e 5 a, quant à elle, creusé et récolté pas moins de 2 kilos d'échantillons, remontés en orbite lunaire avant de prendre la direction de la Terre. Le 17 décembre 2020, au terme d'une série de manœuvres complexes, la capsule contenant le précieux substrat s'est posée en Mongolie-Intérieure avant d'être récupérée par une équipe au sol. Par ailleurs, deux des trois modules de la nouvelle station spatiale chinoise ont été assemblés en orbite, où les taïkonautes se succèdent depuis 2021. De quoi conforter les Chinois dans leur objectif d'envoyer leurs concitoyens vers la Lune avant 2030. Enfin, en mars 2021, les patrons des agences spatiales chinoise et russe ont signé un accord pour l'élaboration conjointe d'une future station autour de la Lune, l'International Lunar Research Station (ILRS), directement concurrente de la Lunar Gateway.

Surtout, la Lune a le bon goût de renfermer des ressources qui pourraient lancer une nouvelle ruée vers l'or.

Assurer une présence pérenne dans l'espace

Malgré la baisse significative des coûts de lancement observée ces dernières années, arracher du matériel de la gravité terrestre pour le transporter dans l'espace demeure l'un des postes de dépense les plus élevés d'une mission spatiale. C'est le nerf de la guerre des constructeurs et opérateurs de satellites : diminuer au maximum la masse d'un engin au décollage, afin de réduire la facture globale.

Or, si l'humain souhaite un jour s'installer durablement sur la Lune, ce ne sont pas quelques modules similaires à la Station spatiale internationale qu'il faudra déployer dans l'espace, mais de gigantesques infrastructures. Vivre dans l'environnement sélène est autrement plus difficile qu'évoluer à 400 kilomètres d'altitude dans l'ISS. À commencer par l'exposition aux radiations cosmiques. L'espace est en effet parcouru en permanence de rayonnements délétères, provenant du Soleil ou des confins de l'Univers, qui peuvent s'avérer très dangereux et provoquer des cancers. Sur Terre, l'atmosphère nous en protège. Sur les orbites basses, là où gravite l'ISS, les astronautes peuvent compter sur les effets du champ magnétique naturel terrestre, qui agit comme une sorte de bouclier contre les radiations spatiales. Rien de tel autour de la Lune. Retourner durablement sur l'astre revient à développer et tester de nouvelles techniques de blindage contre les radiations, de protection contre les impacts météoritiques, de pilotage d'engins robotisés ou encore d'infrastructures d'assistance à la vie. Indispensables lors de longues missions dans l'espace, ces systèmes apportant aux astronautes de l'oxygène pour respirer ou de l'eau à boire en sont encore à leurs balbutiements. Les systèmes de survie doivent fournir le bon mélange de gaz pour la respiration des astronautes tout en éliminant le dioxyde de carbone qu'ils rejettent dans l'air. La température et la pression atmosphérique doivent également être maintenues dans les bons dosages. Pour toutes ces raisons, la Lune est considérée par la plupart des agences spatiales comme un point d'étape, une sorte de base d'entraînement pour des missions plus lointaines, par exemple vers Mars, où les conditions spatiales auxquelles les astronautes seront confrontés se montreront bien plus hostiles. La conquête de Mars est l'une des principales raisons mises en avant par la NASA pour justifier son retour sur la Lune.

On le voit, entre l'eau, l'oxygène et les matériaux nécessaires à la construction de futures bases lunaires, ces missions nécessiteront le transport de fret dans des proportions inédites et particulièrement coûteuses en termes de masse mise sur orbite. Alors, pourquoi ne pas extraire et utiliser les ressources directement sur place ? Cela tombe bien : le sol lunaire regorge d'oxygène ! Selon des études récentes, le régolithe en serait composé à environ 45 %, intégré dans divers minéraux : de la silice, des oxydes métalliques de fer, de titane ou encore du magnésium. Si l'on considère uniquement la surface sélène, chaque mètre cube de régolithe contiendrait en moyenne 630 kilos d'oxygène, soit assez pour permettre à une personne de respirer pendant environ deux ans. Étendue à toute sa surface, la Lune pourrait fournir à huit milliards d'êtres humains, assez d'oxygène pour vivre pendant cent mille ans !

Si un équipage parvient à respirer convenablement sur la Lune, il lui faudra également trouver de quoi boire et manger. Là aussi, la Lune réserve d'excellentes surprises. Début 2022, les analyses *in situ* du robot chinois Chang'e 5 dévoilent que dans certaines zones, le régolithe peut contenir jusqu'à 120 parties par million d'eau. En d'autres termes, l'eau occupe plus d'un dix-millième des échantillons de poussière lunaire. Les différentes sondes ayant orbité autour de la Lune ont par ailleurs révélé de grandes concentrations de glace d'eau situées aux pôles, mais aussi dans des cratères restés en permanence à l'ombre du Soleil, à – 170 °C. Ainsi, les chercheurs estiment à un milliard de tonnes la quantité de glace d'eau accessible à de futurs colons lunaires.

Outre le support aux astronautes, l'oxygène et l'eau présents en grandes quantités sur la Lune pourraient être utilisés comme carburant pour ravitailler des fusées sur place. En effet, le principal facteur limitant la masse maximale qu'un lanceur est capable d'envoyer dans l'espace vient de la charge que représentent les centaines de tonnes de carburant à embarquer pour faire fonctionner les moteurs à plein régime. En cela, les fusées sont de grands serpents qui se mordent la queue : plus l'on souhaite envoyer des charges lourdes dans l'espace, plus l'on a besoin d'embarquer du carburant pour s'extraire de la gravité terrestre. Du carburant qui alourdit à son tour considérablement la fusée, ce qui nécessite encore plus de puissance au décollage… et de carburant ! Ainsi une Ariane 5 sur son pas de tir pèse environ 780 tonnes, dont près de 700 tonnes de carburant, stocké sous forme solide ou liquide ! La charge utile envoyée dans l'espace, elle, ne représente qu'un peu plus de 1 % de la masse totale du système. Ce rapport charge utile/carburant est encore plus déséquilibré pour les longues distances. Pour un aller simple vers Mars, il faudra ainsi prévoir, dans une seule fusée, du carburant pour le décollage, pour le transfert entre la Terre et Mars, pour les manœuvres d'insertion du module habité autour de la planète rouge, puis pour l'atterrissage sur sa surface.

Sur la Lune, la gravité est six fois moindre que sur Terre. Un équipage aura donc tout intérêt à faire une halte dans ce genre de « station-service » naturelle, pour remplir ses réservoirs d'oxygène et d'hydrogène liquides, un mélange très utilisé dans les derniers étages des fusées. En décollant à moindre effort depuis la Lune avec des réservoirs pleins, la masse capable d'être transportée vers Mars s'en retrouvera démultipliée. Certains imaginent même utiliser directement l'eau lunaire pour ravitailler des stations spatiales situées en orbite basse. Il faut en effet quarante fois moins d'énergie pour transporter de l'eau depuis la Lune vers l'ISS que depuis la Terre.

Autre problème de taille sur la Lune : la nuit y dure… quatorze jours terrestres consécutifs ! Un véritable casse-tête pour les ingénieurs qui conçoivent des missions robotisées à sa surface. Comment faire en sorte que les instruments survivent à de si longues périodes où la température peut descendre au-dessous de – 170 °C ? Qu'en sera-t-il lorsque des humains s'installeront durablement à la surface ? En juin 2022, la NASA et le département de l'Énergie américain ont sélectionné trois concepts de miniréacteur à fission nucléaire capables de produire en continu suffisamment d'énergie pour des missions de plusieurs années sur la Lune. Chargés avec du combustible nucléaire extrait de la planète Terre, ces réacteurs pourraient à terme utiliser directement des minerais lunaires tels que le thorium et l'uranium.

Enfin, les esprits les plus téméraires imagineront utiliser le substratum lunaire, composé d'oxyde de silicium, d'aluminium, de calcium et de fer, pour créer directement des infrastructures sur notre satellite. L'ESA a d'ores et déjà réussi à construire une série d'objets – vis, engrenages, buses, etc. – à partir d'un simili régolithe.

L'hélium 3, Graal de la fusion nucléaire

La ressource lunaire la plus convoitée – mais aussi la plus hypothétique – reste sans doute l'hélium 3. Graal de la fusion nucléaire, cette variante de l'hélium 4, utilisé pour gonfler les ballons d'anniversaire et se parer d'une voix de fausset, pourrait cette fois-ci... être ramenée directement sur Terre !

Si nos actuels réacteurs à fission nucléaire suscitent de nombreuses controverses quant à leur dangerosité et aux déchets radioactifs qu'ils génèrent, les futurs réacteurs à fusion promettent de mettre tout le monde d'accord. En effet, cette réaction est naturellement à l'œuvre dans le Soleil et la plupart des étoiles de l'Univers, à partir d'atomes d'hydrogène – les plus légers qui soient – ou d'hélium. Utilisée de façon maîtrisée dans des centrales nucléaires, la fusion a tout pour plaire. À masse égale, la fusion d'atomes légers libère une énergie quatre fois supérieure à celle des réactions de fission nucléaire et quatre millions de fois supérieure aux énergies fossiles. Les réacteurs produiraient par ailleurs très peu de déchets radioactifs – aucun déchet radioactif de haute activité et à vie longue – et, en l'absence de risque de fusion du cœur, les accidents de type Tchernobyl ou Fukushima sont impossibles.

Abondamment produit dans les tout premiers instants de l'Univers, l'hélium 3 est présent dans les couches externes du Soleil et drainé dans toutes les directions par les vents solaires. Voilà des milliards d'années qu'il se dépose à la surface de la Lune, mais évite soigneusement la Terre en raison du champ magnétique qui l'entoure. Résultat : les chercheurs estiment la quantité totale disponible sur toute la surface de notre planète à environ… 200 kilos ! Un chiffre qui pourrait être multiplié par dix selon de récentes études, mais qui reste bien faible au regard des besoins énergétiques de l'humanité. Lorsque, en 1986, les chercheurs de l'université du Wisconsin se rendent en toute hâte dans les locaux de la NASA pour analyser les échantillons récoltés lors des missions Apollo, les résultats confirment leurs soupçons : le régolithe regorge d'hélium 3. Seulement, personne ne savait alors que ce gaz léger aurait un jour autant d'importance pour la fusion nucléaire.

L'attrait pour cette denrée rare sur Terre n'est certainement pas étranger aux initiatives lunaires de la Chine. En janvier 2019, Chang'e 4 déployait le robot Yutu 2 sur la Lune, officiellement chargé de collecter des données sur la topographie et la composition générale du sol. Des sources chinoises officielles n'ont toutefois pas tardé à dévoiler la véritable ambition du robot : caractériser la présence et la quantité exacte d'hélium 3 sur la Lune. Dès 2007,

Chang'e 1 avait permis d'évaluer à environ 68 000 tonnes les réserves d'hélium 3 sur le sol sélène. Un million de tonnes si l'on extrapole la quantité d'hélium 3 aux trois premiers mètres sous la surface. Colossal, quand on sait que, théoriquement, une vingtaine de tonnes suffiraient à alimenter en énergie les États-Unis et l'Europe pendant un an. Avec l'hélium lunaire, l'humanité disposerait d'une source d'énergie pendant plusieurs siècles, voire un millénaire, sans avoir à se soucier de la moindre politique de sobriété !

Mais les centrales à fusion nucléaire utilisant de l'hélium 3 restent encore à l'état de croquis, car elles requièrent des connaissances approfondies sur les propriétés de la matière plongée dans de telles conditions de température, les temps de confinement et les pressions à l'œuvre. Et entre les investissements nécessaires pour maîtriser les technologies d'extraction sur la Lune – encore largement embryonnaires –, le transport des lourdes infrastructures à sa surface et le retour sur Terre, rien ne dit que l'hélium 3 lunaire sera économiquement rentable dans un futur proche.

Embouteillages en vue ?

Habitations, pistes d'atterrissage, système routier, boucliers pour protéger les astronautes des radiations, énergie solaire ou centrales à fusion pour produire de l'énergie, écosystèmes fermés permettant la production de nourriture... sur le papier, la Lune a tout pour accueillir de futures colonies humaines. Un signe ne trompe pas : jamais la liste des candidats à l'exploration lunaire n'a été aussi longue. Toutes les grandes nations spatiales entendent être de la partie. Après son exploit d'atterrir sur la face cachée de la Lune, la Chine devrait viser un prélèvement d'échantillons sur le pôle Sud à l'aide de Chang'e 6, cette fois-ci avec une participation française. Chang'e 7 pourrait partir à la rencontre d'un cratère polaire afin de confirmer la présence de glace d'eau, tandis que Chang'e 8 jettera les fondements d'une base lunaire habitable, peut-être avec l'aide de la Russie. Une chose est certaine : avec des vols habités prévus d'ici 2030, si ce n'est avant, les Chinois finiront par s'installer sur la Lune.

Avec sa sonde Luna 25, l'Agence spatiale russe devait marquer son grand retour sur la surface sélène après quarante-sept ans d'absence. Prévu pour prélever et analyser des échantillons du sol pendant un an, le module s'est finalement écrasé sur la Lune le 20 août 2023, sous les regards du monde entier. Devait suivre le rover Luna 27 destiné à déterminer la composition exacte du régolithe jusqu'à 2 mètres de profondeur, grâce à une foreuse et un système de navigation optique fourni par l'ESA. Mais la guerre en Ukraine aura eu raison de la participation européenne, jetant de sérieux doutes quant à la capacité de la Russie de réaliser seule la mission.

Outre sa participation au programme Artemis et au Lunar Gateway, l'ESA étudie également la possibilité de développer un atterrisseur lunaire géant, EL3 (European Large Logistic Lander), dont les fonctions pourraient être multiples grâce à sa capacité d'acheminer plus de 1,5 tonne de matériel et de passagers à la surface.

Certaines nations spatiales émergentes ont bien l'intention d'élargir le cercle des explorateurs lunaires. Ainsi le 22 juillet 2019, l'Inde lançait Chandrayaan-2 qui, un mois et demi plus tard, tentait de se poser sur la surface sélène. Malheureusement, le contact avec l'engin a été rompu avant même qu'il ne parvienne à toucher le sol. Le pays s'est nettement rattrapé le 23 août 2023, trois jours après l'échec russe, en parvenant à faire atterrir la sonde Chandrayaan-3, devenant la quatrième nation à laisser des traces de roues sur le régolithe. Fait particulièrement inédit : de nombreuses sociétés privées s'invitent également dans la ronde, historiquement réservée aux grandes agences étatiques. L'atterrisseur Beresheet-1, développé par Israël, s'est écrasé le 11 avril 2019 sur la surface lunaire à une vitesse de plusieurs centaines de kilomètres par heure. Le 25 avril 2023, les équipes de la société privée iSpace perdaient à leur tour le contact avec le petit vaisseau Hakuto-R, lors de son atterrissage trop brutal sur la surface de la Lune. L'atterrisseur embarquait Rashid, une petite automobile d'une dizaine de kilos développée par les Émirats arabes unis. Ces échecs à répétition nous rappellent les défis technologiques considérables de l'exploration spatiale. Dans ce contexte, la NASA a adopté une stratégie de soutien aux jeunes pousses qui ambitionnent d'envoyer leur atterrisseur sur notre satellite naturel, à travers des contrats de service. Ainsi, l'Agence américaine a attribué en mai 2019 plus de 250 millions de dollars à trois sociétés privées afin d'acheminer ses propres charges utiles – pas moins de vingt-trois ! – jusqu'à la surface sélène. Ce sont près de 2,6 milliards de dollars qui pourraient être débloqués d'ici à 2028. Toutes ces missions ont pour l'essentiel un seul objectif : réaliser une cartographie précise des zones d'extraction de ressources, avant de déployer des missions de démonstration afin de produire de l'oxygène, de l'hydrogène, de l'eau et des minerais.

Les problèmes juridiques

Ce nouvel afflux vers la Lune est naturellement très enthousiasmant. Après un demi-siècle de silence lunaire, les plus jeunes générations pourront enfin partager avec leurs parents ou grands-parents ces sensations si particulières d'observer la Lune en imaginant des humains évoluant sur sa surface. J'ai moi-même travaillé ces dernières années à définir à quoi pourraient ressembler les premières missions européennes vers la Lune avec le nouveau lanceur lourd Ariane 6. Devant la forte dynamique du marché des petits atterrisseurs privés, nous avons imaginé des lancements partagés vers l'astre, sortes de bus spatial embarquant un maximum de passagers à la fois, et Ariane 6 se tient prête à déployer l'atterrisseur géant de l'ESA.

Si exaltante que soit l'exploration de la Lune, elle ne peut pas faire oublier des problématiques beaucoup plus terre à terre de durabilité et d'encadrement juridique.

Évoquer le droit spatial revient toujours à exhumer les articles fondateurs du Traité sur l'espace de 1967. Si l'article 1er précise que « l'exploration et l'utilisation de l'espace extra-atmosphérique, y compris la Lune et les autres corps célestes » peuvent se faire « librement par tous les États », celles-ci doivent être menées « pour le bien et dans l'intérêt de tous les États ». Par ailleurs, l'article 2 insiste sur l'interdiction de l'« appropriation nationale par proclamation de souveraineté, ni par voie d'utilisation ou d'occupation, ni par aucun autre moyen » d'objets spatiaux. Mais l'exploitation des ressources revient-elle à s'approprier l'objet duquel elles ont été extraites ? Une société qui exploite des minerais précieux sur la Lune peut-elle se voir reconnaître un droit de propriété et donc, par exemple, le droit de les revendre ?

Évidemment, les opinions divergent en fonction des intérêts individuels ou collectifs. Pour les uns, les objets spatiaux s'apparentent à la haute mer : bien commun de l'humanité, elle n'appartient à personne mais les poissons qui y sont pêchés peuvent parfaitement être vendus dans le cadre de législations nationales. Pourquoi n'en serait-il pas de même de la Lune, à distinguer en tant que corps céleste, et des ressources qu'elle abrite – l'eau, l'oxygène, les minerais, l'hélium 3 ? Mais que se passera-t-il si deux sociétés souhaitent exercer la même activité, au même endroit, pour extraire la même ressource ? À l'instar des orbites basses, le premier arrivé pourra-t-il se servir avant les autres ? Qu'adviendra-t-il enfin si une société privée décide d'installer ses infrastructures sur une zone lunaire d'intérêt scientifique ? A-t-on le droit de se poser sur les sites des missions Apollo, que d'aucuns pourraient considérer comme un patrimoine commun de l'humanité à préserver absolument, en raison de leur caractère historique ? À ce titre, les États-Unis ont promulgué le 31 décembre 2020 la loi « The One Small Step to Protect Human Heritage in Space Act » obligeant les entreprises travaillant avec la NASA à rester à l'écart de la mer de la Tranquillité (Apollo 11 de 1969), de l'océan des Tempêtes (Apollo 12 de 1969), du cratère Fra Mauro (Apollo 14 de 1971), du cratère Béla (Apollo 15 de 1971), du cratère Descartes (Apollo 16 de 1972) et de la vallée Taurus-Littrow (Apollo 17 de 1972).

Comme la haute mer, on peut imaginer que la Lune est suffisamment vaste pour qu'on ne se pose pas la question du partage des sites d'extraction des ressources. Sauf que certaines ressources pourraient se faire plus rares que prévu, focalisant toutes les attentions aux mêmes endroits. On sait d'ores et déjà que certains emplacements stratégiques offrent une importante exposition au Soleil et pourraient permettre l'installation de parcs photovoltaïques. Les cratères ombragés contenant de la glace d'eau se concentrent dans les régions polaires. Pour preuve, les récentes missions chinoises, indiennes, russes et les futurs modules américains visent toutes les cratères du pôle Sud de la Lune... Que se passerait-il si, demain, les sondes scientifiques découvraient des gisements de ressources rares, de minerais précieux ? Sur Terre, afin de préserver la faune et la flore, l'Antarctique a fait l'objet de traités interdisant d'en exporter des ressources minérales ou d'y installer des infrastructures militaires. Pourquoi ne pas imaginer de telles règles sur la Lune ?

Surtout, la Lune n'est pas le seul corps céleste dans notre environnement spatial proche. L'intérêt de certains entrepreneurs pour d'autres objets spatiaux pourrait bien complexifier ces contentieux juridiques. À commencer par... les astéroïdes.

Les astéroïdes

Des métaux tels que le fer et le nickel seraient présents dans 95 % des astéroïdes, en quantités variables. Certains contiendraient même de l'or ou du platine. Les astéroïdes purement métalliques représenteraient, eux, environ 10 % des objets de la ceinture d'astéroïdes, un ensemble de petits astres évoluant entre les orbites de Mars et Jupiter. Leur taille est diverse, allant du grain de poussière à quelques dizaines de kilomètres de diamètre. Certains fragments ont pu se retrouver propulsés dans le voisinage de la Terre, formant des astéroïdes géocroiseurs qui, comme leur nom l'indique, croisent ponctuellement l'orbite de notre planète. Essentiellement étudiés en raison du danger potentiel qu'ils représentent, ils ont inspiré de nombreux films catastrophe, d'*Armageddon* à *Don't Look Up : Déni cosmique*, en passant par *Deep Impact*.

En 2017, le chercheur français Albert Jambon publiait dans la revue *Journal of Archeological Science* une étude montrant que les objets en fer les plus anciens ont été forgés à partir de météorites métalliques échouées sur Terre. Des perles en fer exhumées à El-Gerzeh au bracelet de Toutânkhamon en passant par des haches de la dynastie Shang, tous ces objets précieux confectionnés bien avant le développement de techniques d'extraction de fer à partir de minerai frappé à haute température auraient une origine extraterrestre. À l'heure où l'épuisement des ressources terrestres suscite de vives inquiétudes, et où les prix des matières premières atteignent des sommets, faisant craindre une pénurie mondiale, certains regards se tournent à nouveau vers les astéroïdes. Non pas pour les ramasser sur Terre… mais pour les exploiter directement dans l'espace ! En 2010, James Cameron, le réalisateur d'*Avatar*, Larry Page, cofondateur de Google, et Eric Schmidt, homme d'affaires et PDG de Google pendant dix ans, ont investi dans une start-up baptisée Planetary Resources, pour développer les technologies d'identification et d'exploitation des ressources des astéroïdes géocroiseurs. En 2013, une autre société de ce type est créée, Deep Space Industries, qui prévoit de mettre en place une première activité industrielle « à ciel ouvert » à l'horizon 2025-2030. Autant dire que ces entrepreneurs sont encore très loin de leurs objectifs. En effet, si l'on connaît relativement bien la taille et la trajectoire des plus gros astéroïdes géocroiseurs – on en recense environ mille cinq cents dont le diamètre est supérieur à 1 kilomètre – les astéroïdes dont le diamètre est inférieur à 100 mètres se comptent par millions, et probablement par milliards pour ceux d'un diamètre de quelques mètres. Autant dire qu'une infime partie d'entre eux ont été recensés.

Par ailleurs, on connaît encore très mal leur structure. Ces gros corps sont-ils faits d'un bloc solide, ou au contraire d'un agrégat de petits cailloux ? Il existe une telle diversité d'astéroïdes, y compris au sein d'une même classe, que les scientifiques n'ont pas encore établi de corrélation sûre entre ce qu'ils observent depuis la Terre et la composition réelle de ces petits astres. Fin 2018, la sonde japonaise Hayabusa 2 était la première au monde à se poser sur un astéroïde pour y prélever des échantillons et les ramener sur Terre deux ans plus tard. Les images prises par la sonde à la surface de l'astéroïde Ryugu dévoilaient un monde encore inexploré, aussi époustouflant qu'oppressant... à 300 millions de kilomètres de la Terre ! Lancée en 2016, la sonde américaine OSIRIS-Rex s'est mise en orbite autour de l'astéroïde Bénou, d'un diamètre de 500 mètres, pour y prélever des échantillons en octobre 2020. En attendant de les ramener sur Terre d'ici fin 2023, OSIRIS-REx a d'ores et déjà fait d'étonnantes découvertes sur cet astéroïde qui peut se rapprocher à moins de 300 000 kilomètres de la Terre tous les six ans. D'une surface très irrégulière, le bolide est recouvert de plus de deux cents blocs de plus de 10 mètres de diamètre, d'autres plus grands qu'un terrain de football, quand on s'attendait à un sol constitué de particules aux dimensions ne dépassant pas quelques centimètres. Par ailleurs, sa densité est étonnamment faible, celle d'un amas de débris uniquement liés entre eux par leur faible gravité respective.

En 2012, dans le cadre de la préparation d'un article pour *Ciel & Espace*, j'ai eu l'occasion de m'entretenir avec Josh Hopkins, responsable pour Lockheed Martin d'un projet de mission habitée vers un astéroïde – abandonné depuis. De passage à Paris, cet ingénieur m'expliquait le consensus scientifique autour des astéroïdes rocheux, « un empilement de petites roches où sont logés des grains de métaux. Ce sont eux, et non pas les astéroïdes purement métalliques, qui seront les plus faciles à exploiter ». Pour cela, nul besoin d'embarquer d'imposantes machines : les métaux, du fer et du nickel impurs, seraient extraits à l'aide d'un simple aimant. Je me souviens de son optimisme légèrement adolescent. La matière « brute » extraite de l'astéroïde serait directement envoyée dans une chambre remplie de monoxyde de carbone pour y être transformée en gaz. Il suffirait alors de réchauffer ce gaz pour séparer, puis condenser, les particules de métaux lavées de toute impureté. « De cette manière, vous transformez directement la matière brute en composé pur sous la forme que vous souhaitez, sans autre étape intermédiaire. C'est beaucoup plus simple que ce que l'on imagine, avec ces grosses usines de retraitement des métaux sur Terre ! » De quoi envisager, sans doute, d'utiliser ces métaux pour construire des infrastructures – des satellites ou des bases spatiales – directement dans l'espace, plutôt que de les ramener sur Terre ou d'acheminer de la matière première dans l'espace.

Mais le chemin s'annonce semé d'embûches. Les astéroïdes croisant la trajectoire de la Terre à une vitesse assez faible pour qu'une sonde puisse s'y poser se comptent sur les doigts de la main, et tournent généralement rapidement sur eux-mêmes. Il n'est donc pas étonnant que Planetary Resources et Deep Space Industries aient été rachetées depuis par des entreprises plus conventionnelles, qui ont élargi leurs activités à des applications bien moins exotiques, telles que l'observation de la Terre ou la propulsion spatiale.

Si prospectives soient-elles, les initiatives d'exploitation des ressources des astéroïdes entrent en contradiction frontale avec les grands principes du Traité sur l'espace. Que se passerait-il si une société obtenait *de facto* le contrôle entier d'un astéroïde, puis exploitait ses ressources de sorte qu'il ne resterait rien de l'astéroïde initial ? N'y aurait-il pas là une appropriation de fait d'un corps céleste ? Pour lever toutes ces ambiguïtés, chacun y va de sa propre législation nationale. En 2015, les États-Unis ont ainsi donné le mauvais exemple en s'arrogeant le droit d'« entreprendre l'exploration et l'exploitation commerciale des ressources spatiales », de les détenir, les transporter, et le cas échéant, de les vendre. La NASA prévoit d'ailleurs d'envoyer, fin 2023, une sonde à la rencontre d'un astéroïde hors du commun, Psyche, dont le noyau est principalement constitué de fer, de nickel, d'or et d'autres métaux rares. Situé dans la ceinture d'astéroïdes, entre Mars et Jupiter, il pourrait valoir à lui seul environ 700 trillions (700 milliards de milliards) de dollars, soit bien plus que le PIB mondial, de 100 000 milliards de dollars.

En juillet 2017, le Luxembourg est devenu le premier pays européen à offrir un cadre juridique, encore plus précis que la loi américaine, aux opérateurs privés souhaitant extraire et utiliser des ressources dans l'espace. En février 2020, les Émirats arabes unis se sont, eux, dotés de leur toute première loi encadrant les activités spatiales, notamment d'exploitation des ressources. En septembre 2021, le Japon est devenu le quatrième pays à adopter une législation permettant aux entreprises privées de pouvoir utiliser les ressources spatiales.

L'absence d'une ligne claire et consensuelle en la matière pourrait aboutir à l'adoption de lois nationales concurrentes et potentiellement contradictoires entre elles, voire à une domination de quelques acteurs. Par ailleurs, l'article 5 du Traité sur l'espace précise, comme nous l'avons vu, que « les activités des entités non gouvernementales [...] doivent faire l'objet d'une autorisation et d'une surveillance continue de la part de l'État approprié partie au Traité ». Mais rien n'empêche un entrepreneur privé d'enregistrer son entreprise dans un pays dont la législation serait moins regardante sur les aspects de durabilité. À titre de comparaison, la plupart des navires de marchandises n'hésitent pas à battre un pavillon de complaisance afin de contourner les lois environnementales nationales. En mai 2021, des chercheurs chinois et américains ont ainsi noté une explosion du nombre de navires ayant falsifié leur immatriculation depuis 2002. Quatre-vingts pour cent des navires commerciaux dans le monde ont ainsi fini leur course au Bangladesh, en Inde et au Pakistan entre 2014 et 2018, afin de pouvoir y rejeter à loisir mercure, plomb, amiante ou pesticides.

Les accords Artemis

Prenant acte de la révolution à l'œuvre dans l'espace, en 2020, les États-Unis ont rédigé et proposé au reste du monde les « accords Artemis », une série de principes et de règles encadrant, dans un esprit de coopération, l'exploration civile et l'utilisation pacifique de la Lune, de Mars et d'autres objets astronomiques. Ces accords nous plongent directement dans l'espace du XXIe siècle, aux accents de science-fiction. Ainsi, les vingt et un pays signataires à ce jour s'engagent entre autres à déployer tous les efforts raisonnables pour apporter l'assistance nécessaire au personnel en détresse dans l'espace extra-atmosphérique ; à partager ouvertement les données scientifiques récoltées dans l'espace ; à prendre en compte les interférences nuisibles avec les activités d'autres nations. Enfin, les accords Artemis appellent à ce que les activités d'extraction et l'utilisation des ressources spatiales soient « menées d'une manière conforme au Traité sur l'espace et à l'appui d'activités sûres et durables ».

Sans surprise, la Chine et la Russie n'ont toujours pas accepté de signer ces accords. La France elle-même a mis du temps à prendre position. Nombreux sont ceux qui accusent les États-Unis d'être juge et partie, d'imposer des règles collectives vis-à-vis d'une exploration lunaire dont ils sont les initiateurs. Ne sont-ce pas les États-Unis eux-mêmes qui en 2015 ont donné un premier coup de canif aux principes fondateurs du Traité ? Dans l'ouvrage *L'Ambition lunaire, défi stratégique pour l'Europe du XXIe siècle*, l'Association nationale de la recherche et de la technologie (ANRT) prévient : « Alors qu'un nouvel accord portant sur la Lune semble compromis à ce stade, les velléités de domination à l'échelle du globe, et les intérêts stratégiques et économiques qu'elles véhiculent, apparaissent comme un frein à un texte exigeant. L'émergence des accords Artemis est symptomatique de l'époque dans laquelle le projet lunaire évolue. Alors que le spatial se polarise à nouveau, l'Europe, qui s'est toujours affirmée comme acteur majeur de la coopération internationale, est appelée à prendre parti. »

Comprendre les questions de durabilité dans l'espace

Pour le grand public, l'exploitation des ressources spatiales s'attache à un imaginaire purement consumériste, celui-là même qui nous a menés à la crise climatique actuelle. Mais pour appréhender convenablement les questions de durabilité liées aux activités lunaires, il faut savoir distinguer les spécificités de la Terre et celles de la Lune.

Faute de champ magnétique, la surface de la Lune ne retiendra pas certaines des émissions produites par l'exploitation des ressources. En l'absence d'atmosphère, les notions d'effet de serre et de réchauffement climatique n'ont aucune signification sur notre satellite naturel. Sans écosystème, les déchets générés par les activités humaines n'auront pas le même impact que sur Terre.

C'est donc essentiellement aux questions d'équité et de responsabilité, du caractère nécessairement limité de certains stocks lunaires, qu'il faudra apporter une attention toute particulière. Pour éviter les futures tensions, nous devrons impérativement intégrer dans nos logiciels d'explorateurs spatiaux, les notions de bien commun, d'intérêt général – scientifique notamment – et maîtriser l'hubris aussi bien technologique qu'économique en y apportant sagesse et tempérance. En la matière, nous avons certainement beaucoup à apprendre de notre expérience de l'exploitation des ressources terrestres.

10.
La colonisation de Mars

Mardi 27 septembre 2016, Guadalajara, Mexique. En ce troisième jour de la 67e édition du Congrès international d'astronautique, une foule inattendue se presse devant les portes de l'amphithéâtre principal. Beaucoup de jeunes silhouettes, que je n'avais pas vues les jours précédents, attendent patiemment l'ouverture des portes, sûrement depuis quelques heures déjà. Un coup d'œil au programme de la journée m'éclaire : Elon Musk doit donner une conférence sur le thème « Rendre l'espèce humaine multiplanétaire ». Je m'installe dans un fauteuil au plus près de la scène. Il ne manque plus qu'une fosse remplie de spectateurs agglutinés pour donner la sensation d'assister à un concert de rock. Introduit comme une star de rock, justement, seul en scène devant un fond noir, sur lequel se détache une immense planète rouge, Elon Musk attaque fort en déclarant que n'importe qui dans l'auditoire pourrait, dans cette vie et grâce à lui, partir vivre sur Mars. Petit à petit, le concert de rock laisse place au prêche d'un gourou. Le milliardaire n'a visiblement pas peur des raccourcis et des assertions éloignées de la vérité. Plus impressionnante encore restera à mon sens la ferveur du public, réagissant par des salves d'applaudissements démesurées à chaque punchline, chaque illustration futuriste présentant l'installation de colonies sur Mars, chaque vidéo montrant de simples essais de moteurs. Le discernement des spectateurs-adulateurs semble avoir déjà été mis en orbite.

Depuis, Elon Musk expose à l'envi ses rêves de colonisation de Mars, vaste entreprise qui sera financée selon lui par les revenus tirés de son réseau de satellites de télécommunications Starlink. Avec un aplomb surprenant, l'entrepreneur-gourou imagine envoyer des colons sur la planète rouge dans des délais délirants. D'abord annoncé dès 2022, le premier pas de l'Homme sur Mars dans une combinaison SpaceX est reporté à 2024, puis 2029, puis 2030. Suivraient des centaines de voyages, tous les deux ans, pendant au moins vingt ans, dans le but d'établir une véritable colonie.

J'ai déjà eu l'occasion de revenir longuement dans un précédent livre sur les raisons pour lesquelles l'idée d'une colonisation de Mars, une planète morte totalement inadaptée à la vie humaine, me semble aussi bien techniquement et financièrement absurde qu'éthiquement condamnable. Située en moyenne à 220 millions de kilomètres de la Terre (et à environ 78 millions de kilomètres lorsque Mars et la Terre sont alignées avec le Soleil), s'y rendre ressemblera à un parcours du combattant. Mars est entourée d'une fine atmosphère saturée en CO_2, toxique et irrespirable pour les humains. Produire de l'énergie, récolter de l'eau et cultiver de la nourriture requerraient une logistique considérable dans ce désert particulièrement aride, exposé par ailleurs aux radiations cosmiques et aux éruptions solaires. Les obstacles psychologiques auront vite raison des équipages. Les effets sur le corps humain d'une gravité trois fois moindre que sur Terre se feront sentir sur leur mobilité ou leurs capacités cognitives.

En somme, la base martienne imaginée par Elon Musk, constituée d'un port spatial parsemé de fusées, de pistes menant à des dômes futuristes, de serres foisonnantes et de champs de panneaux solaires à perte de vue, risque fort de ne jamais dépasser les frontières de sa boîte crânienne. « L'humanité aura le temps de disparaître cent fois avant de parvenir au niveau technologique suffisant pour envisager une présence multiplanétaire, concluais-je. Au lieu de lui faire miroiter un avenir imaginaire ailleurs, il serait plus bénéfique pour l'humanité – et pour sa planète bleue – de délivrer le message opposé : notre avenir se fera indéniablement sur Terre. Voilà pourquoi il est urgent de la protéger. »

On pourrait décider de fermer les yeux devant ces élucubrations transhumanistes, qui peuvent sembler bien dérisoires comparées aux problématiques autrement concrètes auxquelles l'humanité doit faire face aujourd'hui. Mais laisser aux mains d'initiatives privées la conquête d'autres planètes dans le système solaire, en les laissant « jouer » selon leurs propres règles, pourrait avoir des répercussions réelles sur Terre. Qu'adviendrait-il par exemple si un équipage apportait des bactéries humaines sur la surface martienne, ruinant le travail des exobiologistes à la recherche d'une vie extraterrestre ? Pis : en revenant sur Terre, ne risqueraient-ils pas de ramener – et disséminer – des virus martiens dont on ne connaîtrait ni les caractéristiques ni leurs effets sur l'être humain ? Nos sociétés seront-elles prêtes à autoriser les individus à prendre autant de risques pour eux-mêmes ? Doit-on laisser l'homme le plus riche du monde guider ses fidèles vers le fantasme d'une autocratie multiplanétaire ?

Contaminer Mars

La question d'une possible contamination accidentelle de la planète Mars s'est posée – dans des termes exagérés, convenons-en – dès le 6 février 2018, lors du vol inaugural de la fusée Falcon Heavy de SpaceX. Aussi haute que sa prédécesseure Falcon 9 mais flanquée de deux propulseurs latéraux supplémentaires, la Falcon Heavy fait, comme son nom l'indique, figure de géante. Quasiment trois fois plus lourde que Falcon 9, elle est capable de déployer jusqu'à 27 tonnes en orbite géostationnaire dans sa version « jetable » (entre 8 et 10 tonnes en mode réutilisable). Ce jour-là, Elon Musk n'a pas lésiné sur la communication, au risque de mélanger les genres et de basculer l'enthousiasme du « New Space » dans une forme de caricature.

En effet, pour tester le réatterrissage non pas d'un, mais de trois étages de la fusée – le corps central et les deux propulseurs d'appoint –, l'entrepreneur n'a pas lancé sa fusée à vide. Sous la coiffe, à 70 mètres au-dessus du sol, la charge utile n'était autre qu'une voiture Tesla Roadster rouge flamboyante, au volant de laquelle se tenait un mannequin affublé d'une combinaison et d'un scaphandre blancs d'astronaute. Entouré de trois caméras, le pilote-mannequin baptisé Starman avait une main posée sur le volant de la voiture et un bras négligemment appuyé sur la portière, l'autoradio jouant *Life On Mars* de David Bowie. Sur le tableau de bord, l'inscription « Don't Panic ! » achevait une mise en scène particulièrement soignée, et un bon coup de pub pour celui qui est propriétaire de la société Tesla.

Les images du décollage retranscrivent parfaitement la puissance des vingt-sept moteurs Merlin capables de soulever 1 420 tonnes dans un panache de fumée particulièrement dense. Le ciel dégagé permet ce jour-là de suivre avec une qualité rare l'ascension de l'engin. Deux minutes et quarante secondes après le décollage, les deux propulseurs latéraux se détachent à 60 kilomètres d'altitude, suivis de la séparation de l'étage central 30 secondes plus tard, pour débuter leur lente redescente vers la Terre, sous des applaudissements nourris. Une minute plus tard, c'est au tour de la coiffe de s'ouvrir, laissant apparaître la Tesla et son pilote-mannequin à l'air libre – ou plutôt au vide spatial – la Terre bleue se détachant sur une toile de fond d'un noir profond.

Mais le moment le plus époustouflant, comme tout droit sorti d'un film de science-fiction, intervient exactement 8 minutes et 7 secondes après le décollage, au moment où les deux propulseurs latéraux, après avoir effectué les manœuvres de freinage puis de réorientation, viennent se poser à l'unisson sur leur plate-forme respective à Cap Canaveral. Grandiose, l'image suffit à faire du tir un évènement. En effet, comme nous l'avons déjà évoqué, la réutilisation a toujours été l'une des pierres angulaires des projets d'Elon Musk de colonisation de Mars. Atterrissage sur Mars, reconditionnement de la fusée, redécollage vers la Terre : avec la réutilisation, SpaceX promet de maîtriser les briques technologiques essentielles pour réaliser des allers-retours fréquents avec la planète rouge. Quatre heures plus tard, Starman et sa voiture de sport sont largués sur une orbite héliocentrique, signifiant qu'ils tourneront autour du Soleil pendant des siècles, avant d'éventuellement s'écraser sur une planète. En fonction des actuels paramètres orbitaux, des chercheurs se sont amusés à prédire sa fin de course. Starman aurait 6 % de chances de revenir sur Terre au cours du prochain million d'années, et environ 2,5 % de chances de finir sur Vénus.

Mais à l'origine, le bonhomme en plastique dans sa voiture électrique était censé partir en direction de la planète Mars. C'est une erreur de calcul, bien naturelle pour un vol inaugural, qui l'a fait dévier de sa trajectoire. Et très vite, certaines craintes se sont fait entendre. Jay Melosh, alors professeur de sciences planétaires à l'université américaine Purdue, et sa collègue Alina Alexeenko, professeure d'astronautique, estiment dans une communication que, si le véhicule finissait par s'écraser sur la surface de Mars, il y répandrait des bactéries terrestres, risquant de contaminer ainsi l'écosystème de la planète rouge.

En temps normal, la politique de la NASA en la matière repose essentiellement sur les règles de la protection planétaire édictées dans les années 1960 par le COSPAR (Committee on Space Research), au tout début de l'ère de l'exploration robotique du système solaire. Ces règles sont fondées sur une classification en cinq catégories qui détermine les différents niveaux de contrôle et de contrainte à imposer aux missions spatiales, en fonction des objets astronomiques ciblés et des objectifs scientifiques. La Lune est par exemple moins sensible que Mars, où l'on espère découvrir des traces de vie passée. De la même façon, une mission ayant pour objectif de ramener des échantillons du sol martien sur Terre nécessitera davantage de précautions qu'un robot uniquement destiné à prendre des photos sur Mars. Dans ce contexte, le Bureau de la protection planétaire (Office of Planetary Protection, OPP) de la NASA s'assure que les engins spatiaux qui prévoient d'atterrir sur des corps célestes – planètes, Lune, astéroïdes – font l'objet d'une stérilisation plus ou moins poussée. En effet, tout comme une espèce envahissante, les organismes de la Terre pourraient prospérer sur une autre planète et anéantir les formes de vie endémiques. Sans aller jusqu'à ce scénario catastrophe, toute contamination terrienne de la surface de Mars rendrait caducs les efforts des futures missions scientifiques d'y rechercher des traces de vie. Comment distinguer alors les micro-organismes martiens de nos propres empreintes terrestres ?

Les vaisseaux des premières missions robotisées à destination de Mars ont fait l'objet d'un nettoyage particulièrement drastique avant de prendre la route spatiale. En 1976, les deux premières sondes américaines Viking 1 et 2, qui se sont posées avec succès sur Mars et ont glané de précieuses informations pendant plusieurs années, étaient probablement les objets les plus propres du système solaire. Comme le rappelle Émilie Martin dans un article publié le 29 novembre 2017 sur le site web de *Ciel & Espace*, durant leur assemblage en chambre stérile, « toutes les pièces ont été nettoyées au sporicide, un doux mélange d'éthanol, d'isopropanol et de formaldéhyde, puis testées, puis au besoin renettoyées, puis testées à nouveau, etc. ». Après l'assemblage, les modules ont été exposés à de fortes doses d'ultraviolets, puis chauffés à plus de 110 °C durant trente heures, réduisant la population de spores – des organismes primitifs à l'origine des bactéries, des plantes, des algues ou des champignons – d'un facteur 10 000, soit à une trentaine d'individus.

Mais un tel processus de décontamination coûte cher, très cher, environ 10 à 15 % du coût total d'une mission robotisée. Les robots martiens suivants, de Spirit à Curiosity en passant par Opportunity, ont été dispensés d'un tel traitement de choc : leur population de spores n'a été réduite qu'à 300 000 individus. En contrepartie, ces engins n'avaient pas le droit de s'aventurer dans les zones de la surface de Mars susceptibles d'abriter des formes de vie : les poches d'eau liquide en subsurface, les points chauds géothermiques, les glaces souterraines, les écoulements saisonniers à flanc de colline. En somme, toutes les régions où la température dépasse les – 20 °C ou celles dont l'activité aquifère perdure.

C'est exactement le sort qui a été réservé à Curiosity, parti à la rencontre du sol martien en août 2012. À l'époque où le robot a été conçu, des dizaines d'années avant son lancement, la présence d'eau de surface sur Mars n'était pas confirmée. Décision avait donc été prise de dépenser le budget de la mission sur des appareils scientifiques sophistiqués plutôt qu'à nettoyer l'engin en profondeur. D'autant que les techniques extrêmes de chauffage à très haute température ou d'irradiation utilisées pour stériliser les instruments peuvent aussi les endommager, causer des pannes sur les composants électroniques, abîmer les panneaux solaires ou les verres optiques, et même engendrer des problèmes de corrosion. Mais entretemps, les images de la sonde Mars Reconnaissance Orbiter de la NASA ont confirmé la présence d'écoulements saisonniers d'eau le long des abruptes falaises martiennes. Résultat : atterri dans le cratère Gale, Curiosity avait interdiction de s'approcher des traînées humides apparaissant sur certaines pentes de la planète, de peur qu'il ne les contamine avec des microbes terrestres. « Nous ne voulons pas qu'on se souvienne de nous comme l'espèce qui est allée sur une planète et a éliminé toute vie pouvant s'y trouver », expliquait au magazine *Le Point* Jorge Vago, scientifique travaillant sur un autre projet de robot martien, ExoMars, développé celui-ci par l'Agence spatiale européenne, avec le concours de l'Agence spatiale russe. Projet malheureusement mis en suspens après l'invasion de l'Ukraine par la Russie en février 2022.

On pourrait croire que les conditions de température, de pression et de rayonnements cosmiques extrêmes à l'œuvre dans le vide spatial se chargeront de détruire toute trace de vie sur les robots. C'est vrai pour la plupart, mais certains organismes terrestres, dits extrêmophiles, ont développé des capacités leur permettant de survivre dans les milieux les plus hostiles. Capables de se mettre en sommeil dans le vide spatial, ils se réveillent à nouveau lorsque les conditions sont réunies. C'est le cas des tardigrades, une famille d'animaux pour le moins extraordinaire, dont l'allure fait penser à un croisement entre une chenille à huit pattes et un orifice rectal. Longs d'à peine 1 millimètre, ils sont capables de survivre à des températures de – 272,8 °C – soit proche du zéro absolu – à + 150 °C et des pressions jusqu'à 6 000 bars (un bar représente à peu près la pression de l'air que nous respirons). Aucun rayonnement ultraviolet ou rayon X n'aura leur peau. Présents sur les plus hauts sommets du monde ou dans les eaux profondes, les tardigrades peuvent abaisser leur métabolisme – un phénomène appelé cryptobiose – afin de se priver d'eau, d'oxygène et de nourriture pendant une trentaine d'années, tandis que leur espérance de vie ne dépasse pas trois ans. En avril 2019, un millier de tardigrades étaient placés en cryptobiose, puis enfermés dans de l'ambre artificiel, avant d'être embarqués dans le module israélien Beresheet en direction… de la Lune ! Hélas, la sonde a fini par s'écraser sur la surface de notre satellite naturel, mais les chercheurs ont toutes les raisons de croire que les tardigrades ont survécu au choc. S'ils étaient récupérés sur la Lune puis réhydratés dans une atmosphère, un certain nombre d'entre eux seraient réanimés.

En 2015, des chercheurs de l'université de l'Idaho se sont intéressés, avec leurs collègues du Jet Propulsion Laboratory de la NASA, aux trois cent soixante-dix-sept souches bactériennes identifiées en 2010 sur le robot Curiosity avant que ce dernier ne subisse le processus de stérilisation modéré. Parmi elles, soixante-cinq espèces ont été isolées, dont la plus représentée (65 %), le genre Bacillus, est capable de produire une sorte de coque protectrice pour survivre dans les milieux les plus extrêmes. Les chercheurs ont ensuite isolé les cellules du reste du monde et leur ont fait subir de nombreuses séances de torture. Privées d'eau pendant deux semaines, elles ont été maintenues à 4 °C pendant vingt-huit jours, puis soumises à des pH (une unité mesurant l'acidité d'une solution) allant jusqu'à 12, c'est-à-dire à des conditions particulièrement corrosives. Incubées dans des milieux comportant 20 % de sel, elles ont également été exposées à des doses importantes de rayons ultraviolets. Ces bactéries ont alors montré d'étonnantes capacités de résistance. Mieux : un tiers de ces organismes ont été capables de croître dans des substrats autres que l'eau liquide, tels que le perchlorate ou le sulfate que l'on trouve sur le sol martien. Dans ce contexte, les chercheurs sont formels : les protocoles de stérilisation « soft » des sondes spatiales ont beau réduire les spores bactériennes à moins de trois cent mille, nombre d'entre elles peuvent survivre sans souci pendant des mois de voyage dans le vide spatial.

On comprend mieux la prudence dont font preuve les agences spatiales lorsqu'elles envoient des sondes en direction de Mars, ou de tout autre système planétaire. Le 14 avril 2023, la sonde Juice (Jupiter Icy Moons Explorer) de l'ESA s'envolait depuis la Guyane française en direction de la planète géante Jupiter, qu'elle atteindra en 2031, après un voyage tortueux parmi les planètes du système solaire.

La véritable cible de Juice n'est pas Jupiter, mais ses lunes glacées Ganymède, Callisto et Europe, des mondes à part, fascinants par les immenses océans d'eau liquide qu'elles cachent sous une épaisse couche de glace. Les exobiologistes pensent même trouver des formes de vie sous la surface d'Europe. Probablement des microbes, mais des espèces plus avancées pourraient également être présentes, telles que des coraux, des vers, des moules, des crevettes, voire des poissons, sans doute sous des formes très différentes de celles que nous connaissons sur Terre. Europe est donc l'exemple parfait d'un corps céleste habitable qu'il convient de protéger. Juice ayant été conçue pour éviter toute collision avec Europe, la sonde n'a pas été stérilisée, du moins pas autant que les règles de protection planétaire l'imposent. Cependant, mes collègues d'Arianespace ayant travaillé sur cette mission m'ont raconté les précautions particulières qui ont été prises en matière de propreté pendant l'intégration de la sonde sur le lanceur Ariane 5. Des contraintes bien plus fortes que pour une campagne de lancement d'un satellite de télécommunications standard. En décembre 2034, Juice se mettra en orbite autour de Ganymède, avant de s'écraser délibérément sur sa surface. « Dans l'état actuel des choses, les règles de protection planétaire autorisent un crash sur Ganymède, car rien n'indique que l'océan souterrain profond [de cette lune de Jupiter] puisse être en contact avec la surface glacée », indique l'ESA sur la page de son site web présentant la mission. « S'écraser sur Europe ne serait pas autorisé car les océans souterrains sont soupçonnés d'être moins profonds, et donc une contamination [avec des cellules d'origine terrestre, *N.d.A.*] de la surface vers l'océan serait en théorie possible. »

Autant dire qu'Elon Musk ne s'embarrasse pas de ce genre de considérations. Ni sa Tesla Roadster ni son Starman en plastique n'ont fait l'objet d'un tel traitement. La voiture électrique n'a guère été nettoyée avant le décollage, et il n'est même pas certain que le bonhomme à son volant ait pris le temps de passer sous la douche.

Pour certains chercheurs, cependant, les exigences de propreté des engins d'exploration spatiale sont exagérées, voire dépassées. N'est-il pas paradoxal d'envoyer des sondes sur Mars, dont le principal objectif reste de chercher des traces de vie actuelles ou passées, en évitant justement de les aventurer dans les zones les plus susceptibles d'abriter des micro-organismes ? Par ailleurs, si, comme le montre l'étude de l'université de l'Idaho, certaines bactéries terriennes survivent à un voyage interplanétaire, alors Mars est déjà contaminée depuis longtemps. Par les nombreux robots qui s'y sont déposés, mais aussi par les échanges météoritiques entre la Terre et la planète rouge. En effet, de temps en temps – pas tous les jours, rassurons-nous –, la Terre et Mars subissent des frappes de comètes ou d'astéroïdes avec suffisamment de force pour faire sauter des roches, comme on éclabousserait nos voisins en sautant dans une flaque d'eau. Certaines roches terrestres voyagent alors dans l'espace avant de retomber sur Mars, et *vice-versa*. Une théorie d'échange de la vie entre planètes voisines connue sous le nom de panspermie.

Le 18 juillet 2011, un gros caillou tombait sur notre planète, présentant toutes les caractéristiques des roches que l'on trouve à la surface de Mars. Des analyses ont permis de remonter à son origine, comme un véritable jeu de piste. Sachant que Mars est dix fois moins massive que la Terre, un bolide quelconque impacterait la surface de la planète rouge à une vitesse d'environ 8 à 10 kilomètres par seconde. En étudiant la structure des cristaux dans la roche martienne récoltée sur Terre, qui dépend de la vitesse et de la taille du bolide en question, les chercheurs estiment que le diamètre de l'impacteur était compris entre une centaine de mètres et quelques kilomètres. Les scientifiques peuvent même déduire combien de temps la roche éjectée a dérivé dans le système solaire avant de s'écraser sur Terre. En effet, dans le vide spatial, la roche est bombardée en permanence par des particules venues du Soleil à très grande vitesse. Plus connu sous l'appellation de « vent solaire », ce flux a pour effet de modifier légèrement la surface de la roche, à l'instar du phénomène d'érosion que les eaux et les actions atmosphériques font subir à l'écorce terrestre. On estime ainsi que la roche martienne tombée le 18 juillet 2011 a séjourné dans l'espace environ... 700 000 ans avant d'atteindre le sol terrestre ! À ce jour, les chercheurs ont identifié quelque trois cents météorites d'origine martienne qui sont tombées sur Terre.

Un impacteur de 100 mètres de diamètre frappe la surface terrestre tous les cinq cents ans environ, et un bolide de 5 kilomètres de diamètre atteint notre planète tous les 10 à 50 millions d'années. La météorite qui aurait provoqué la disparition des dinosaures mesurait quant à elle 10 kilomètres de diamètre, un phénomène qui arrive tous les 100 à 500 millions d'années. Ces évènements, si rares soient-ils pour notre plus grand bonheur, éjectent d'importantes quantités de roches et de micro-organismes dans l'espace, dont certains ont immanquablement rencontré le champ gravitationnel de Mars.

En outre, les avancées récentes en biochimie et dans les techniques de séquençage du génome permettraient aujourd'hui de distinguer les bactéries terrestres des martiennes : vouloir à tout prix éviter de brouiller les pistes en mélangeant les unes avec les autres est un faux problème. Enfin, les initiatives d'Elon Musk mises à part, la plupart des agences spatiales ne cachent pas leur ambition d'envoyer à l'horizon 2030-2040 un équipage sur Mars à des fins d'exploration. Or, inutile d'espérer appliquer aux astronautes, qui sont faits de cellules et de microbes, les normes de stérilisation exigées pour les robots !

C'est pourquoi la NASA a présenté en juillet 2020 deux nouvelles directives en matière de protection planétaire, qui n'ont pas évolué depuis les années 1960. L'objectif est de tenir compte de l'avancée de la technologie et des connaissances, notamment sur l'habitabilité des astres du système solaire, mais aussi de mieux encadrer et réguler l'activité d'exploration robotique et humaine du secteur privé. L'idée serait d'obliger les futures missions à intégrer les règles de protection planétaire de manière systématique et transparente. La première directive concerne spécifiquement notre satellite naturel, soit « toutes les missions [robotiques ou humaines] de la NASA ou affiliées à la NASA destinées à atterrir sur, orbiter autour ou rencontrer autrement la Lune ». Concrètement, il faudra désormais « fournir un inventaire du matériel biologique (vivant ou mort) inclus dans le matériel et les charges utiles des engins spatiaux ». Concernant les missions dotées d'un équipage, la directive requiert une liste de « la quantité des matières biologiques et de leur élimination, y compris les déchets, à conserver dans l'environnement lunaire ».

La seconde directive concerne l'exploration de Mars. L'idée est de se servir des connaissances acquises grâce aux missions dans l'ISS, dans la future station autour de la Lune et aux prochaines opérations qui seront conduites à sa surface, ainsi qu'aux multiples missions robotisées vers Mars, pour limiter les potentielles contaminations. Nécessairement moins précis, le texte prévoit ainsi des systèmes en boucle fermée ou d'élimination des déchets biologiques. En somme, autant de technologies qui restent à inventer. La NASA pourrait même demander de réaliser des expériences en amont « à un endroit proche des sites d'atterrissage ou d'opérations de la mission humaine pour caractériser tous les constituants organiques présents ». Et adapter la mission habitée en conséquence.

Contaminer la Terre

En avril 2017 sortait sur les écrans français le film de science-fiction *Life – Origine Inconnue* réalisé par Daniel Espinosa. À bord de la Station spatiale internationale, un équipage intercepte une capsule revenant de Mars et contenant des échantillons récoltés sur la surface de la planète rouge, une première dans l'histoire de l'humanité. Appliquant les mesures de confinement adéquates, les six membres d'équipage étudient l'échantillon et découvrent une toute nouvelle forme de vie, une cellule dormante qui se développe rapidement en un organisme multicellulaire beaucoup plus intelligent que prévu. Très vite, cette créature qui ne cesse de croître, se distingue par son agressivité et échappe au contrôle des astronautes. Une course contre la montre commence, pour éviter que l'organisme ne se répande sur la planète Terre...

Sans en arriver à un tel scénario horrifique, certains s'alarment du risque de contamination de la biosphère de notre planète dans le cas où nous ramènerions des échantillons martiens. C'est précisément l'intention de la mission « Mars Sample Return », conçue conjointement par les agences spatiales américaine et européenne. Il s'agit sans doute de la campagne d'exploration spatiale la plus ambitieuse jamais entreprise. Séquencée en trois grandes phases, elle a débuté en juillet 2020 avec le lancement du robot Perseverance, qui a atterri avec succès sur Mars six mois plus tard. Après en avoir arpenté la surface afin de caractériser plusieurs sites supposés contenir des roches formées dans un milieu aqueux, Perseverance a sorti sa petite artillerie dans le cratère Jezero pour récolter des carottes de 5 centimètres de profondeur. Mais la mission ne s'arrête pas là. Deux autres engins seront envoyés vers Mars d'ici la fin de la décennie. Un module sous maîtrise d'œuvre de la NASA, le Sample Retrieval Lander (SRL), doit déposer sur la planète une petite fusée chargée de ramener en orbite autour de Mars les échantillons collectés par Perseverance. Un deuxième engin spatial sous maîtrise d'œuvre de l'ESA, le Earth Return Orbiter (ERO), doit se placer en orbite autour de Mars, rencontrer le conteneur, puis revenir vers la Terre et larguer la capsule lors du survol de celle-ci en 2033. Les échantillons pourront ainsi être analysés en laboratoire avec des instruments de pointe beaucoup trop massifs pour être envoyés sur place, afin de retracer l'histoire de Mars et déterminer si la vie y a un jour existé.

Autant dire que pour cette mission consistant à débusquer des traces de vie passée ou actuelle enfouies dans le sol martien, les critères de propreté ont été revus à la hausse, y compris en comparaison de ceux appliqués aux rovers Viking. Les dizaines de tubes dans lesquels les échantillons martiens sont actuellement rangés doivent être suffisamment propres pour que les scientifiques soient certains d'analyser du contenu 100 % martien. Avec cette spécificité : ces tubes doivent rester stériles pendant toute la campagne d'exploration, de leur décollage à leur retour sur Terre, soit... treize ans au total ! Fabriqué principalement en titane, un matériau léger et résistant, chaque tube est recouvert d'un revêtement blanc empêchant les rayons du soleil de chauffer et modifier la composition chimique des échantillons. Les ingénieurs ont dû s'y reprendre à plusieurs reprises et revoir le processus mis en œuvre avant d'atteindre le niveau de propreté requis. Des salles blanches ont été installées… à l'intérieur de salles blanches ! Des jets d'air filtré ont servi à nettoyer les tubes entre chaque étape d'assemblage. Ces tubes ont été rincés à l'eau désionisée, à l'acétone, à l'alcool isopropylique et à d'autres agents de nettoyage exotiques.

Si tout se passe bien, en 2033, une capsule sera donc larguée au-dessus de l'atmosphère de notre planète, pour atterrir intacte sur un polygone de tir de l'armée américaine dans l'Utah. La capsule martienne sera ensuite transférée en toute sécurité vers une installation intégrant des mesures de décontamination à plusieurs niveaux, des systèmes de filtration de l'air, une ventilation à pression négative, etc. Des précautions à même d'apaiser les craintes du grand public qui, interrogé pour le compte de la NASA, préférerait qu'on analyse les échantillons hors de la Terre, un peu comme l'équipage du film *Life* (avec une efficacité que j'appelle le lecteur à découvrir par lui-même). Une option qui coûterait cependant beaucoup d'argent et nécessiterait une logistique particulièrement lourde.

L'espace : à chacun son droit ?

Les États-Unis et l'Europe ne sont pas les seuls à s'intéresser à la planète rouge. La Chine a rendu publique en 2022 son intention de ramener ses propres échantillons martiens en 2031… soit deux ans avant les équipes américano-européennes ! Plus simple, l'architecture de la mission chinoise se fera en deux temps. Un atterrisseur et un véhicule d'ascension martien seront lancés en même temps à bord du lanceur Long March 5. Les roches martiennes seront récupérées directement sur le site d'atterrissage, lequel devra donc être précautionneusement choisi à l'avance. Un module rejoindra l'orbite de Mars à bord d'une fusée Long March 3B, avant de revenir sur Terre avec les précieux échantillons.

Dans cette course à l'exploit scientifique et technologique, rien ne dit si la Chine et les États-Unis observeront les mêmes règles de précaution au moment de réceptionner les matériaux martiens sur Terre. La récente pandémie de Covid-19 apparue en Chine, et le manque de transparence dont a fait preuve le gouvernement de Xi Jinping, peuvent laisser craindre le pire. De la même manière, qui nous dit qu'une entreprise privée décidant de partir à la conquête de Mars jouera le jeu de s'affilier à la NASA, ou à toute autre agence spatiale, afin de répondre aux règles qui président aux missions d'exploration ?

Il y a quelques années, en 2013, l'homme d'affaires néerlandais Bas Lansdorp imaginait partir à la conquête de la planète rouge en y envoyant des kamikazes en aller simple, avec son projet Mars One. Deux cent mille candidats s'étaient alors portés volontaires – moyennant le paiement de droits d'inscription –, prêts à terminer leurs jours sur cet immense caillou oxydé. Je me rappelle à quel point cette initiative, largement prématurée en termes scientifiques et technologiques, avait choqué le monde « traditionnel » du spatial, tant il s'affranchissait des règles fondamentales d'éthique des missions d'exploration habitées. Abandonnée depuis, l'initiative devait être financée par les droits de retransmission audiovisuelle d'une émission de téléréalité, qui aurait suivi au quotidien les joies et les peines d'un équipage sans aucun espoir de revenir sur Terre. Les téléspectateurs seraient alors devenus les témoins impuissants du stress physique et psychologique inouï auquel l'équipage aurait nécessairement été confronté.

De nombreuses expériences d'isolement réalisées sur Terre ont montré les difficultés de rester enfermé pendant des années entières dans les boîtes à sardines que sont les modules habités. Les volontaires de Mars One auraient plongé au bout de quelques mois dans de lourdes phases de dépression, quand d'autres auraient adopté des comportements agressifs, avant d'entrer dans une phase d'épuisement, de découragement, qui se traduit généralement par un déficit de performance et d'efficacité. « C'est un procédé extrêmement violent pour la société, m'expliquait Jacques Arnould, chargé des questions éthiques au Centre national d'études spatiales (CNES), lorsque je l'interrogeai à l'époque sur ce projet. Qu'arriverait-il si vous voyiez votre astronaute préféré mourir en direct pendant son voyage vers Mars ? » La probabilité d'un tel drame n'était pas négligeable, tant les organisateurs semblaient davantage concentrés sur leur rêve d'atteindre la planète rouge que sur la question essentielle de la survie de l'équipage. Dans ce contexte, nos sociétés autoriseraient-elles des individus à prendre autant de risques pour eux-mêmes, comme on réglemente les sports extrêmes ? À les envoyer vers une mort certaine, dans la mesure où l'on sait que les conditions ne sont pas réunies pour vivre sur Mars ? « Les accidents intervenus lors des vols habités ont été des échecs terribles, une souffrance pour tout le monde, me confiait l'astronaute français Jean-Pierre Haigneré. Compte tenu des chances de réussite [du projet Mars One] et de son intérêt scientifique quasi nul, le simple fait d'imaginer une mission où la vie sera nécessairement perdante est abject. »

Dans une interview accordée en avril 2021 à la fondation X Prize, Elon Musk reconnaissait, avec un cynisme à glacer le sang, qu'un tel voyage s'avérerait « difficile et dangereux » : « Vous pourriez mourir, ce sera inconfortable et vous n'aurez probablement pas de la nourriture très bonne. » Précisant qu'il s'agira néanmoins d'une « aventure glorieuse et une expérience incroyable », Musk prévenait : « Honnêtement, un groupe de personnes mourra probablement au début [...] ce n'est pas pour tout le monde, seulement pour les volontaires ! »

D'autres déclarations récentes d'Elon Musk jettent de sérieux doutes sur son intention de se plier aux règles de la NASA. Dans les conditions générales d'utilisation de son réseau d'accès à internet par satellite Starlink, on peut lire que les services fournis à la Terre ou à la Lune pourraient être régis par les lois de l'État de Californie. Mais au-delà de notre planète et de son satellite naturel, c'est une tout autre histoire que s'invente l'homme un temps le plus riche du monde. Selon Starlink, il n'existe aucune loi régissant la vie sur Mars, ou plus simplement en dehors du système Terre-Lune : « Pour les services fournis sur Mars, ou en transit vers Mars *via* un vaisseau spatial ou un autre vaisseau de colonisation, les parties reconnaissent que Mars est une planète libre et qu'aucun gouvernement basé sur Terre n'a d'autorité ou de souveraineté sur les activités martiennes. » Et de poursuivre : « Ainsi, les différends seront réglés par des principes d'autonomie, établis de bonne foi, au moment du règlement martien. » Pure affabulation bien entendu, dans la mesure où, nous l'avons vu à plusieurs reprises, le Traité sur l'espace de 1967 prévoit une responsabilité des gouvernements vis-à-vis des agissements des personnes ou organismes privés dans l'espace extra-atmosphérique, y compris la Lune et les autres corps célestes. Par ailleurs, SpaceX reste une entreprise américaine dont les activités bénéficient d'un soutien financier massif de la part du contribuable américain, à travers des partenariats avec la NASA ou l'US Air Force. Dès lors, il y a fort à parier qu'Elon Musk n'ira pas sur Mars sans la bénédiction, d'une manière ou d'une autre, de l'Agence spatiale américaine.

Pour assouvir ses désirs d'autocratie sur une planète Mars « libre », Elon Musk n'aura d'autre choix que d'utiliser ses propres deniers tout en violant le droit international. En la matière, les zones d'ombre qui subsistent dans le droit spatial pourraient lui offrir un coup de pouce salutaire. Le 23 août 2019, un fait divers hors du commun remplissait les colonnes des journaux. Une astronaute américaine, Anne McClain, était accusée d'usurpation d'identité pour avoir illégalement accédé au compte bancaire en ligne de son ancienne épouse, Summer Worden, alors qu'elle se trouvait… à bord de l'ISS, de décembre 2018 à juin 2019 ! C'est bel et bien la nationalité de l'astronaute qui a permis de déterminer la juridiction compétente pour juger ce délit commis dans l'espace, à savoir la juridiction pénale américaine. Une compétence qui aurait pu aussi se justifier par un autre critère : c'est la loi du lieu du dommage, en l'occurrence les États-Unis, qui s'applique.

D'autres situations pourraient s'avérer autrement complexes. Imaginons par exemple qu'un astronaute russe se trouvant dans la partie américaine de l'ISS, parvienne à attaquer le territoire français d'une manière ou d'une autre depuis l'espace. Trois pays se retrouveraient en concours de compétence : la Russie, les États-Unis et la France seraient donc contraints de se concerter pour désigner une juridiction pénale, sachant qu'on ne peut généralement pas être condamné deux fois pour la même infraction. Si l'on ajoute à l'équation des modules habités privés, pouvant s'enregistrer dans des pays plus ou moins regardants sur le droit international, on obtient un cocktail potentiellement explosif.

Surtout, comment faire appliquer la loi à un équipage se trouvant à au moins… 76 millions de kilomètres de la Terre ? Les États n'ont aucun mal à exercer leur autorité sur des astronautes évoluant à 400 kilomètres au-dessus de nos têtes, ou sur la Lune, située à trois jours de voyage spatial. D'autant que tous ces équipages ont vocation à revenir. « Vous pouvez tuer quelqu'un dans l'espace sans qu'il se passe rien, mais à un moment donné, vous allez rentrer sur Terre et répondre devant une juridiction », m'expliquait Alban Guyomarc'h, doctorant en droit international privé appliqué aux activités spatiales. « Contrairement à ce que dit Elon Musk, l'espace est tout sauf un far west. La seule différence, c'est que certains objets sont voués à y rester. »

Si une agression se produit pendant les longs mois de voyage vers Mars ou sur la planète rouge, comment mettre en place une intervention rapide pour arrêter et isoler les coupables ? Qui pour infliger une peine, en particulier si l'équipage compte rester pour toujours sur Mars ? « Au vu de la distance qui sépare la Terre et Mars, une autonomie substantielle doit être accordée à l'équipage, poursuivait Alban Guyomarc'h. Cela passe par un capitaine de mission, représentant de la nation qui l'a envoyé dans l'espace, ayant une capacité à rendre justice (isoler, etc.) mais aussi un pouvoir international vis-à-vis des autres nations présentes sur place. » L'histoire humaine a déjà connu ce genre de situation. Au début du XVIIe siècle, à la suite des découvertes de Christophe Colomb sur le continent américain, qu'il prenait pour l'Inde, les puissances européennes s'engagent dans une compétition acharnée pour constituer des empires coloniaux. Compte tenu de la distance qui les sépare de ces nouvelles colonies, les États décident de confier à des compagnies le soin d'en assurer l'exploitation de façon autonome mais en leur nom, et de gérer les échanges commerciaux avec les métropoles. Baptisées « compagnies des Indes », ces entités privées disposent de véritables prérogatives de souveraineté, elles sont capables de signer des traités de commerce ou de paix, de mener des batailles ou de rendre justice au niveau local. « Sans aller jusqu'au modèle des compagnies des Indes, qui disposaient de leur propre milice armée, on peut imaginer ce type de transfert de droit dans l'espace », précisait Alban Guyomarc'h.

Les dangers d'un transhumanisme décomplexé

Disons-le franchement : Elon Musk s'inscrit dans la lignée de ces entrepreneurs hors normes qui fascinent autant qu'ils inquiètent. Avançant avec une efficacité déconcertante dans plusieurs directions à vocation transhumaniste, on ne peut qu'être déstabilisé par l'absence de considérations humaines, de culture historique, de réflexions sociétales et éthiques de la part d'un homme détenant autant de pouvoir, à la fois d'influence et financier. La liste de ses ambitions susceptibles de menacer certains équilibres fondamentaux de nos sociétés globalisées fait froid dans le dos. À l'instar du peu d'empathie dont Musk fait preuve à l'égard d'un futur équipage « volontaire » pour s'installer sur Mars, ses sorties régulières sur le fonctionnement de ses entreprises SpaceX, Tesla ou le réseau social X laissent, par exemple, assez peu de doute quant à son mépris du droit du travail.

En mai 2020, alors que le monde entier cherchait des solutions pour endiguer la propagation du Covid-19, l'influent patron décidait de rouvrir son usine californienne de Tesla en violation des règles sanitaires, après avoir qualifié les mesures de confinement de « fascistes » – ce qui donnerait envie de lui offrir des livres d'histoire. Un an plus tard, Musk récidivait dans sa lecture ahurissante du monde en déclarant que les difficultés de production et les contraintes d'approvisionnement de Tesla constituaient un « problème logistique qui rend la Seconde Guerre mondiale insignifiante ». Son rachat de Twitter, devenu X, en octobre 2022 s'accompagnait du vœu de renforcer la « liberté d'expression » sur le réseau social, par un allègement des politiques de modération. Ce libertarien convaincu balayait ainsi d'un revers de main les risques de propagation des messages haineux, de cyberharcèlement ou de la désinformation qui pèsent sur nos démocraties modernes et auxquels les personnes les plus fragiles sont généralement les plus exposées. Une position qui a fait sortir du bois Michael Kleinman, directeur de la technologie et des droits de l'homme à Amnesty International, pour qui « la dernière chose dont nous avons besoin, c'est d'un Twitter qui ferme délibérément les yeux sur les discours violents et abusifs à l'encontre des utilisateurs ».

Ce sentiment de toute-puissance, de rêve prométhéen d'immortalité, s'incarne à nouveau dans un autre projet développé à partir de 2016, Neuralink, dont l'objectif consiste ni plus ni moins à augmenter les capacités humaines en créant des interfaces neuronales directes entre l'homme et la machine. Une minuscule puce développée par Neuralink serait implantée dans une région du cerveau contrôlant les mouvements. La puce servirait d'intermédiaire entre pensée et geste en envoyant automatiquement les signaux neuronaux vers la machine, de sorte qu'une simple stimulation par la pensée suffirait, en théorie, à faire bouger un objet à distance. Comme d'habitude, Elon Musk a décidé d'avancer ses pions en ignorant crânement les questions et débats de société que ses activités soulèvent, notamment sur la sécurité du procédé et l'exploitation des données de ces puces.

J'ai longtemps essayé de comprendre la forme d'indulgence dont bénéficie Elon Musk – du moins, dont il a bénéficié avant le rachat de Twitter – de la part de (très) nombreux admirateurs qui n'hésitent pas à applaudir des deux mains ses outrances à répétition. Bien entendu, ses incroyables succès industriels n'y sont pas étrangers. Certes, Musk est excentrique, fantasque, hors normes, mais au moins, il n'hésite pas à mettre un coup de pied dans la fourmilière, à bousculer le vieux monde. Surtout, il réussit (presque) tout ce qu'il entreprend. N'est-ce pas le signe d'un visionnaire ayant systématiquement raison avant les autres ?

Un autre aspect du personnage explique selon moi ce statut particulier. Ayant convaincu l'opinion publique qu'il a construit ses différents empires industriels à partir de rien, l'entrepreneur a le droit, dans l'inconscient collectif, de dépenser son propre argent comme il l'entend. Si la demande le justifie, si la rentabilité est au rendez-vous, qui sommes-nous pour empêcher les énergies de se déployer ? Qui sommes-nous pour juger de la pertinence et de l'intérêt d'implanter des puces chez les êtres humains, de déployer des satellites en masse en orbite basse, d'envoyer des touristes dans l'espace ou des volontaires sur Mars, tant que Musk ne pioche pas dans la poche du contribuable ?

D'une part, nous avons vu que les acteurs du « new space » ne peuvent pas être considérés comme des entités privées entièrement autonomes, tant elles sont intimement liées aux initiatives des institutions spatiales et des financements publics dont elles bénéficient. Surtout, je suis systématiquement sidéré par le peu d'objections qui sont formulées au sujet des missions spatiales essentiellement commerciales, comme si la collectivité n'avait pas son mot à dire face aux lois du marché. Je n'ose imaginer les réactions si les agences spatiales publiques décidaient d'envoyer des milliers de satellites en orbite basse en quelques années, en fermant sciemment les yeux sur les risques de saturation de l'espace proche. Que dirions-nous si la NASA annonçait demain envoyer un équipage vers une mort certaine sur la planète Mars ? Si l'ESA se mettait à organiser des vols réguliers vers l'ISS pour de simples touristes ? Les projets démesurés de quelques-uns ne sont jamais sans conséquence pour le reste de la collectivité, à plus forte raison lorsqu'ils visent ce bien commun qu'est l'espace.

Conclusion

C'est une question que je pose régulièrement autour de moi : à quoi ressemblerait une journée sans satellites ? S'ensuit généralement un long silence de légitime ignorance. En voici un aperçu.

Sept heures du matin. Je me réveille avec l'enthousiasme de celui qui s'apprête à partir en vacances. Ma valise est bouclée, je dois quitter la maison dans une heure. En allumant la télévision, j'apprends qu'une tempête solaire d'une extrême violence a causé une panne sans précédent de l'ensemble des satellites. J'en informe mes parents par téléphone en les appelant sur leur ligne fixe. Ils habitent en pleine campagne et reçoivent la télévision grâce à une immense parabole captant les signaux satellitaires. Leur écran est resté noir ce matin.

Un malheur n'arrivant jamais seul, j'apprends qu'un cyclone s'est abattu sans prévenir sur la côte Est des États-Unis. Les journalistes utilisent Skype pour en savoir un peu plus sur cette catastrophe qui, faute de signaux d'alerte émis par les satellites météorologiques, a fait de nombreuses victimes.

Drôle d'ambiance pour démarrer des vacances. Au moment de me rendre à l'aéroport en voiture, je ne peux m'empêcher de penser à cette période estivale orageuse que je laisse derrière moi. Des orages que les services météo auront bien du mal à anticiper dans les prochains jours. J'ai bien fait de prévoir de l'avance, car le signal GPS de mon téléphone ne fonctionne plus. J'ai retourné l'appartement dans tous les sens, pas moyen de remettre la main sur mes vieilles cartes Michelin. Je ne suis pas le seul à chercher mon chemin : c'est une sacrée pagaille sur la route. Le jour où nous utiliserons des voitures autonomes, beaucoup finiront dans le décor en cas de panne de satellite.

Arrivé à l'aéroport, je me dirige vers un distributeur de billets pour retirer de l'argent. Opération bloquée. Je me souviens alors que les satellites de navigation contiennent des horloges atomiques qui permettent aux serveurs terrestres de se synchroniser. Faute de référentiel temporel, toutes les transactions financières sont gelées. Je jette un coup d'œil aux télévisions dans l'aéroport, qui diffusent les actualités en continu *via* les réseaux terrestres. On rapporte une fermeture temporaire des marchés financiers qui reposent sur du trading haute fréquence sensible au millième de seconde – et une probable dégringolade des bourses au passage.

Je me rends au comptoir d'enregistrement pour apprendre ce que je redoutais depuis quelques minutes déjà : mon vol est annulé. Je ne suis pas le seul dans cette situation, on se croirait un jour de grève. Rien d'étonnant, le secteur aérien utilise depuis vingt ans les signaux de positionnement par satellite tels que le GPS américain ou le Galileo européen pour suivre le positionnement des avions, du décollage à l'atterrissage. Pour rentrer chez moi, je tente de prendre le RER B, celui-ci est à l'arrêt. Ce n'est pas une panne classique, m'informe un agent sur le quai. Les mouvements de foule ont fortement perturbé le trafic. Il en profite pour me confier son inquiétude. Si la panne continue, l'ensemble du réseau finira par se mettre à l'arrêt. Devant mon air interloqué, l'agent poursuit : la RATP utilise les données du satellite radar TerraSAR-X, capable de fournir des images, de jour comme de nuit et quelles que soient les conditions météorologiques, du réseau parisien. Le satellite permet de suivre l'évolution dans le temps des infrastructures, et de détecter d'éventuelles instabilités de terrain ou des mouvements géologiques. Une attention toute particulière est accordée aux ponts et aux viaducs, considérés comme des structures sensibles car leur construction remonte aux années 1960.

Je me décide à rentrer en taxi. Le chauffeur connaît la route par cœur et parvient à zigzaguer entre les camions et voitures à l'arrêt. Faute de synchronisation, les feux tricolores sont éteints. Des policiers et d'autres volontaires se sont mis à faire la circulation. Tout le monde semble pris de panique.

De retour chez moi, je constate qu'il n'y a plus d'électricité, là aussi en raison d'une panne des systèmes de positionnement par satellite permettant la synchronisation des réseaux. Des dizaines d'autres villes d'Europe, d'Asie ou d'Amérique sont dans la même situation. Déboussolé, je me pose sur un banc dans un square. Une femme s'assoit à mes côtés, encore plus soucieuse que moi. En engageant la conversation, j'apprends que son mari et ses enfants sont partis en expédition dans les montagnes de la cordillère des Andes, au Pérou. Elle n'a aucune nouvelle, mais elle craint surtout qu'en cas d'accident, ils ne puissent plus compter sur les services d'assistance par satellite. Elle a en revanche des nouvelles de son frère, militaire déployé dans un pays en guerre. Les commandements des forces armées n'ont plus de moyens de communiquer convenablement avec leurs troupes, et deviennent aveugles face aux mouvements ennemis. Le président de la République a ordonné un repli immédiat. Pour elle, c'est la seule bonne nouvelle de la journée.

Je finis par rentrer chez moi, songeant à ma tante agricultrice, qui utilise des données satellites à plus d'un titre. Les informations météorologiques l'aident à savoir quand labourer, récolter ou arroser, et les images des satellites d'observation lui servent à contrôler les rendements des surfaces cultivées, à identifier les zones en manque d'eau ou d'engrais, ou encore à suivre la propagation de certaines maladies des cultures et du bétail. Je pense également à mon beau-frère, employé dans la marine marchande, navigant en pleine mer comme au temps du *Titanic*, sans moyen d'appeler au secours en cas de pépin. J'imagine enfin l'impact de ce monde sans satellites sur les industries de pointe, la logistique et les chaînes d'approvisionnement de nourriture ou de médicaments. Tout sera à reconstruire.

Pour éviter ce scénario catastrophe, l'Europe tente de faire entendre sa voix. En mai 2023, le Conseil de l'Union européenne rendait ses conclusions sur « l'utilisation équitable et durable de l'espace », appelant à une approche européenne de la gestion du trafic spatial, avec des réglementations renforcées. En novembre 2022, l'ESA et vingt-deux acteurs du spatial européen se réunissaient pour signer une « Déclaration pour un secteur spatial responsable », dont l'objectif était « d'accroître la contribution des activités spatiales au développement durable de la société ». Dans les prochains mois, la loi française relative aux opérations spatiales de 2008, dont les règles s'appliquent à tous les satellites déployés depuis le sol français, devrait intégrer des évolutions substantielles afin de s'adapter à ce nouveau monde extra-atmosphérique. Une réglementation européenne sur l'espace est quant à elle promise en 2024.

Mais en s'imposant des contraintes réglementaires supplémentaires, l'Europe n'est-elle pas en train de se tirer une balle dans le pied dans un contexte de compétition plus féroce que jamais à l'échelle mondiale ? « Malheureusement cela va plus vite en dehors de l'Europe, aux États-Unis, en Chine et aussi en Inde... Il ne faut pas être en retard, comme on a pu l'être dans l'économie de l'Internet il y a vingt ans. » Le 5 juillet 2023, le directeur du transport spatial de l'ESA, Toni Tolker-Nielsen, évoquait en ces termes l'accélération de la course à l'espace. La clarté du propos tranchait avec sa voix fluette, presque inaudible, sans doute en raison de sa proximité avec ses collègues opérateurs installés dans la salle de contrôle au Centre spatial guyanais. Ce jour-là, l'Europe faisait décoller sa dernière Ariane 5, fusée iconique avec laquelle toute une génération – la mienne – a grandi.

J'ai à nouveau commenté le lancement depuis Kourou, aux côtés de Katy Haswell. L'heure était à la fête, bien sûr, pour saluer cette formidable aventure technologique et humaine, marquée par cent dix-sept lancements en vingt-sept ans. Chacun y allait de ses propres souvenirs. Le lancement du télescope James Webb bien entendu, mais aussi de la mission Rosetta, partie en 2004 à la rencontre de la comète Tchouri, qu'elle a atteinte dix ans plus tard. Les missions ATV (Automated Transfer Vehicle) de ravitaillement de l'ISS, ou encore la toute dernière sonde d'exploration Juice, actuellement en route vers Jupiter. Mais à cette euphorie déjà teintée de nostalgie, venaient se mêler d'autres sentiments plus difficiles à exprimer. Avec ce dernier lancement Ariane 5, l'Europe entrait dans une période incertaine. Ariane 6, la successeure d'Ariane 5, accusait d'importants retards ; l'exploitation des fusées Soyouz en coopération avec la Russie, censée apporter un filet de sécurité à l'Europe dans son accès à l'espace en cette période de transition, s'était arrêtée brutalement à la suite de l'invasion de l'Ukraine ; l'Europe entrait dans une période de longs mois d'attente, son accès à l'espace ne reposant plus que sur les épaules de la petite fusée Vega, elle-même en proie à des difficultés techniques.

Toni Tolker-Nielsen avait raison : ailleurs, tout s'accélère. En quinze ans, le nombre de nouvelles nations ayant développé leurs propres programmes spatiaux a littéralement explosé. Le Maroc s'est doté de son tout premier satellite. Le Pérou et le Kazakhstan disposent désormais chacun d'un satellite d'observation de la Terre. Le Vietnam et l'Argentine ont complété leur flotte de satellites de télécommunications. L'Indonésie a innové en déployant le premier satellite entièrement dédié à des services financiers pour une grande banque locale. Israël a tenté de se poser sur la Lune.

Après s'être contentée de concevoir des satellites de télécommunication, la Corée du Sud s'est lancée dès 2004 dans le développement de sa propre fusée KSLV (Korea Space Launch Vehicle), avec l'aide de la Russie. À l'issue d'un passage à vide de huit ans et d'un échec en octobre 2021, le lancement du 26 mai 2023 a permis de placer en orbite huit nouveaux satellites d'observation.

L'Inde affirme, quant à elle, chaque jour un peu plus son indépendance pour accéder à l'espace. Grâce à son lanceur lourd GSLV, le pays a pris la direction de la Lune, sur laquelle il a réussi l'exploit d'y poser le module Chandrayaan-3 en août 2023, entrant ainsi dans le club très fermé des explorateurs lunaires duquel l'Europe reste exclue.

Les Emirats Arabes Unis consacrent pour leur part environ 5 milliards d'euros par an à divers programmes spatiaux.

Entre le déploiement de son premier satellite en 2009, le séjour de l'astronaute émirati Hazza Al Mansouri dans l'ISS fin 2019 et le lancement de la sonde Hope autour de la planète Mars l'année suivante, il est peu dire que le pays entend s'imposer comme la principale puissance spatiale dans le Golfe persique. Les Emirats se sont même doté d'une nouvelle loi spatiale fin 2020, apportant une sécurité juridique à l'industrie spatiale afin d'attirer les investissements dans les secteurs du tourisme ou de l'exploitation des ressources extraterrestres.

Mais l'évolution la plus spectaculaire ces dix dernières années s'est déroulée du côté de la Chine, qui occupe une place à part dans le microcosme spatial international. Les manuels scolaires occidentaux ne gardent quasiment aucune trace de l'aventure spatiale de l'empire du Milieu. Au lendemain de la mise en orbite de Spoutnik, Mao Zedong souhaite rattraper quinze bonnes années de retard technologique en lançant le programme « Deux bombes, un satellite », avec pour objectif de se doter de la bombe atomique, d'un missile balistique et d'un satellite artificiel. La première tête nucléaire chinoise emportée par un missile intercontinental explose en 1966. Le 24 avril 1970, à la surprise générale, la Chine devient la cinquième puissance spatiale après l'Union soviétique, les États-Unis, la France et le Japon, avec la mise en orbite de son premier satellite baptisé Dong Fang Hong 1.

Si la communauté spatiale parle peu des lanceurs chinois, c'est principalement en raison d'un accident intervenu le 15 février 1996. Le satellite de télécommunications américain Intelsat 708 s'apprête à être envoyé vers l'orbite géostationnaire à l'aide d'une fusée chinoise. À 3 h 01 heure locale, dans la nuit noire du Sichuan, les flammes qui s'échappent des quatre boosters latéraux décrivent un arc de cercle inquiétant. Vingt-deux secondes seulement après le décollage, tête en avant, la fusée finit sa course sur un village à proximité, dans une gigantesque explosion orangée. Officiellement, l'accident fait six morts et cinquante-sept blessés, quand les experts internationaux tablent plutôt sur plusieurs centaines de morts. Mais la plus vive polémique viendra quelques jours plus tard. Souhaitant récupérer les restes du satellite éparpillés au sol, les ingénieurs américains ne trouvent pas leur compte et soupçonnent rapidement le gouvernement chinois d'avoir subtilisé des débris à des fins d'espionnage industriel.

Dès lors, s'appuyant sur la réglementation américaine régissant le trafic d'armes au niveau international, Washington refuse qu'un satellite contenant des composants américains soit lancé par une fusée chinoise. Cela concerne la quasi-totalité des satellites produits dans le monde, hors Chine. Les entreprises américaines bénéficient par ailleurs de la « Anchor Tenancy Law », une loi qui oblige le gouvernement américain à se procurer un produit ou un service spatial commercial en quantité suffisante pour répondre aux exigences de la mission gouvernementale concernée, de telle sorte que l'entreprise contractante soit rendue viable. En d'autres termes, à partir du moment où la NASA décide de confier les activités de lancements aux entreprises privées, elle doit leur donner les moyens de réussir. Nous avons tendance à l'oublier, mais les États-Unis s'enorgueillissent de lois autrement plus protectionnistes qu'en Europe. Un satellite développé par des institutions américaines aura ainsi l'obligation de voler à bord d'une fusée américaine. Ces lancements institutionnels sont souvent facturés le double, voire le triple de ceux proposés aux opérateurs de satellites privés.

Ce protectionnisme drastique n'empêche pas la Chine de faire jeu égal avec les États-Unis en nombre de lancements depuis vingt ans. En réalité, les deux pays sont les principaux responsables de l'augmentation progressive des tirs de fusée dans le monde depuis les années 2000 : 54 en 2004, 75 en 2010, 87 en 2015, 91 en 2017, 114 en 2020, 146 en 2021, et plus de 180 en 2022.

Pour ne pas se faire distancer dans cette nouvelle guerre économique, les agences européennes ont décidé de mettre à leur tour le pied à l'étrier de jeunes entreprises du « New Space », à grand renfort de contrats de développement et de services, dans l'espoir d'en faire de futurs champions et de stimuler l'innovation, quitte à bousculer les entreprises traditionnelles du spatial. Aujourd'hui, chaque mois, ce sont plusieurs jeunes pousses qui voient le jour en France, convaincues que l'on peut « faire de l'espace autrement », en s'inspirant des méthodes du numérique et en mariant technologies de rupture, développement rapide et coûts réduits. Au risque de transposer tel quel un modèle américain très différent par nature. En 2023, la NASA a ainsi obtenu un budget de 25,38 milliards de dollars – à comparer aux 7 milliards d'euros alloués à l'ESA – sans compter les 215 milliards de dollars octroyés à l'armée de l'air américaine. Facile, dans ces conditions, de soutenir l'innovation en encourageant la compétition. Pour éviter de disperser les compétences et les énergies, l'Europe est appelée à faire bloc. « Il doit y avoir une seule Europe, une seule politique spatiale européenne et une unité sans faille face aux ambitions chinoises et aux ambitions américaines », déclarait Bruno Le Maire, le ministre de l'Économie, chargé de l'espace, à la veille de la conférence ministérielle de l'ESA de novembre 2022, au cours de laquelle les vingt-deux pays membres devaient décider du budget de l'agence pour les trois années suivantes.

Au-delà de la compétition internationale, pour beaucoup, l'arrivée du secteur privé dans l'écosystème spatial a permis de secouer un colosse qui s'était peu à peu assoupi. Les start-up ont apporté un vent nouveau d'enthousiasme et d'idées neuves, en totale cohérence avec l'imaginaire spatial, marqué, essentiellement de l'autre côté de l'Atlantique, par l'esprit pionnier et de la conquête. Devenue la « nouvelle frontière », l'exploration spatiale favorise l'innovation, les découvertes scientifiques et les développements technologiques. Il serait absurde, disent certains, de vouloir à tout prix arrêter la marche du « progrès ». Il est vrai que l'espace représente un terrain d'innovation inouï promettant d'apporter des solutions aux grandes problématiques de notre temps. Agences et entreprises ont réussi à mettre en place des partenariats public-privé efficaces pour les adresser.

Afin de réduire l'impact énergétique des centres de données, ces immenses fermes informatiques où transitent nos données numériques, la Commission européenne souhaite ainsi que l'industrie étudie une nouvelle solution : leur délocalisation dans l'espace. Les data centers représentent en effet environ 3 % de la consommation mondiale d'électricité – une part qui ne cessera d'augmenter dans les dix prochaines années. Ce n'est pas tout : pour refroidir ces immenses machines, des quantités faramineuses d'eau – une denrée de plus en plus rare sur Terre – sont utilisées. Selon un récent rapport de Google, le géant du numérique utilise seize milliards de litres d'eau chaque année dans ses data centers. Directement alimentés à l'énergie solaire, les data centers spatiaux bénéficieraient de surcroît des températures glaciales du vide cosmique – il peut y faire jusqu'à – 157 °C à l'ombre des rayons du Soleil. Encore largement embryonnaire, ce projet doit passer par une phase d'évaluation pour savoir si, entre la production et le lancement dans l'espace de ces nouvelles infrastructures, les émissions carbones seront effectivement inférieures aux émissions que produiraient des data centers restés au sol.

En novembre 2022, le Conseil ministériel de l'ESA approuvait le lancement du projet SOLARIS, une centrale solaire directement déployée en orbite basse. L'idée consiste à capter la lumière du Soleil depuis l'espace *via* d'immenses panneaux photovoltaïques. En l'absence d'atmosphère, l'énergie solaire y est au moins dix fois plus élevée que sur Terre. Les cellules photovoltaïques ne sont jamais occultées par les nuages, éliminant les problèmes d'intermittence que rencontrent les centrales solaires terrestres. Début 2023, l'université américaine Caltech envoyait dans l'espace un premier prototype. À bord du satellite, l'énergie solaire est d'abord convertie en courant électrique, puis un réseau de transmetteurs est chargé de transformer à son tour cette énergie en micro-ondes, qui peuvent traverser l'atmosphère sans dégrader leur puissance. Réceptionnées sur Terre, ces micro-ondes sont à nouveau changées en électricité qui est distribuée aux alentours. Une sorte de transfert d'énergie sans fil inédit, qui promet de révolutionner nos réseaux électriques et l'utilisation des ressources terrestres.

Toutes ces perspectives réjouissantes font néanmoins l'impasse sur la crise profonde que traverse aujourd'hui la notion de « progrès », désormais écrit entre guillemets. En mettant dos à dos la croissance et le fiasco écologique, en rappelant l'incapacité des États à édicter des règles communes pour contenir le changement climatique ou l'accroissement des inégalités, l'attrait de l'inconnu cède peu à peu devant la crainte de conséquences sûres et certaines.

Peut-on continuer à « parier sur l'avenir » lorsqu'on sait que l'occupation massive de l'orbite basse représente une menace pour notre avenir dans l'espace ? Ne faut-il pas préférer le principe d'abstention ou d'inhibition lorsque l'on connaît l'impact environnemental du tourisme spatial ? Doit-on encore parler de « conquête » et de « progrès », lorsque la multiplication des satellites fait d'ores et déjà régresser la recherche astronomique en dégradant la qualité d'observation du ciel ?

Rester dans la course spatiale, encourager l'innovation et la libre compétition tout en gardant un discours de responsabilité en cohérence avec ses valeurs : voilà tout l'enjeu de l'Europe spatiale pour les prochaines décennies. Ne ratons pas ce virage décisif.

Sources

Introduction

« Start-up Space – Update on Investment in Commercial Space Ventures », *Bryce Space and Technology*, 2020.
Space : Investing in the Final Frontier, Morgan Stanley, 2020.

Chapitre 1

S. Biktimirov, G. Belyj et D. Pritykin, « Satellite Formation Flying for Space Advertising : From Technically Feasible to Economically Viable », *Aerospace*, 2022, 9(8), p. 419.
Xavier Pasco, « La “crise” de la politique spatiale aux États-Unis », *Hermès La Revue*, 2002/2, 34, pp. 205-223.
Xavier Pasco, *Le nouvel âge spatial – De la guerre froide au New Space*, CNRS Éditions, 2017.

https://newspaceeconomy.ca/2023/02/24/a-short-history-of-spacex/
https://fr.euronews.com/2021/04/27/espace-guerre-judiciaire-des-etoiles-entre-blue-origin-spacex-et-la-nasa

Chapitre 2

C. Daehnick, J. Gang and I. Rozenkopf, « Space launch : Are we heading for oversupply or a shortfall ? », McKinsey & Company, 17 avril 2023.

Panorama historique de l'UIT : www.itu.int
Gunter's Space Page : https://space.skyrocket.de/index.html

Chapitre 3

Traité sur les principes des Nations unies relatifs à l'espace extra-atmosphérique : https://www.unoosa.org/pdf/publications/STSPACE11F.pdf

Jeff Foust, « Satellite operators criticize "extreme" megaconstellation filings », *Spacenews*, 14 décembre 2021 (https://spacenews.com/satellite-operators-criticize-extreme-megaconstellation-filings/).

Euroconsult, « Satellites to be Built & Launched », rapport 2021 (https://www.euroconsult-ec.com/press-release/new-satellite-market-forecast-anticipates-1700-satellites-to-be-launched-on-average-per-year-by-2030-as-new-entrants-and-incumbents-increase-their-investment-in-space/).

« Global Satellite Manufacturing and Launch Markets », 11e édition, rapport 2021 du NSR (https://www.nsr.com/nsr-report-24700-satellites-to-be-ordered-and-launched-by-2030/).

Jonathan's Space Report – statistiques sur les lancements de Starlink : https://planet4589.org/space/con/star/stats.html

« SpaceX Starlink satellites responsible for over half of close encounters in orbit », Space.com, 20 août 2021 (https://www.space.com/spacex-starlink-satellite-collision-alerts-on-the-rise).

M. Byers *et al.*, « Unnecessary risks created by uncontrolled rocket reentries », *Nature Astronomy*, 6, 1093-1097 (2022).

Q. Wen *et al.*, « Impacts of orbital elements of space-based laser station on small scale space debris removal », *Optik*, Vol. 154, février 2018, pp. 83-92.

Chapitre 4

J. C. Barentine *et al.*, « Aggregate effects of proliferating low-Earth-orbit objects and implications for astronomical data lost in the noise », *Nature Astronomy*, 7, 252-258 (2023).

P. Mróz *et al.*, « Impact of the SpaceX Starlink Satellites on the Zwicky Transient Facility Survey Observations », *The Astrophysical Journal Letters*, 924 L30 (2022).

S. Kruk *et al.*, « The impact of satellite trails on Hubble Space Telescope observations », *Nature Astronomy*, 7, 262-268 (2023).

S. Gallozzi, M. Scardia, M. Maris, « Concerns about ground based astronomical observations : a step to safeguard the astronomical sky », arXiv : 2001.10952v2, 3 février 2020.

F. Falchi *et al.*, « A call for scientists to halt the spoiling of the night sky with artificial light and satellites », *Nature Astronomy*, 7, 237-239 (2023).

Chapitre 5

« Problèmes de la conquête spatiale au seuil de l'exploration lunaire », *Le Monde Diplomatique*, juillet 1966.

Martin Motte *et al.*, *La Mesure de la force – Traité de stratégie de l'École de guerre*, Tallandier, 2018.

C. Cambon, *Rapport relatif à l'activité de la délégation parlementaire au renseignement pour l'année 2019-2020*, 11 juin 2020.

Chapitre 6

Ben Turner, « Chinese scientists call for plan to destroy Elon Musk's Starlink satellites », livescience.com, 27 mai 2022.

Chapitre 7

Toutes les informations relatives au tourisme spatial sont accessibles sur internet.

Chapitre 8

Florian Kordina, « How much do rockets pollute ? », 20 mars 2020 (https://everydayastronaut.com/rocket-pollution/).
From Earth to Outer Space, Arianespace 2022 CSR (https://www.arianespace.com/wp-content/uploads/2016/03/CSR-LEAFLET-2022-EN.pdf).
« Final Environmental Assessment and Finding of No Significant Impact for SpaceX Falcon Launches at Kennedy Space Center and Cape Canaveral Air Force Station, July 2020 », Federal Aviation Administration (https://www.faa.gov/sites/faa.gov/files/space/environmental/nepa_docs/SpaceX_Falcon_Program_Final_EA_and_FONSI.pdf).
« Written reevaluation of the 2022 final programmatic environmental assessment for the Spacex starship/super heavy launch vehicle program at the Boca Chica launch site in Cameron County, Texas » (https://www.faa.gov/media/27236).
Bernard Valeur, « Le sens caché des fausses couleurs de l'hydrogène », *L'Actualité chimique*, 483, avril 2023, p. 8 (https://new.societechimiquedefrance.fr).
L. Miraux, A.R. Wilson, G.J.D Calabuig, « Environmental sustainability of future proposed space activities », *Acta Astronautica*, Vol. 200, p. 329-346 (2022).
Martin N. Ross, Karen L. Jones, « Implications of a growing spaceflight industry : Climate change », *Journal of Space Safety Engineering*, Vol 9, Issue 3, pp. 469-477 (2022).
I. Kokkinakis & D. Drikakis, « Atmospheric pollution from rockets », *Physics of Fluids*, 34(5) : 056107 (2022).

M. Ross & P M. Sheaffer, « Radiative forcing caused by rocket engine emissions », *Earth's Future*, Vol 2 n. 4 pp. 177-196 (2014).

R. G. Ryan *et al.*, « Impact of Rocket Launch and Space Debris Air Pollutant Emissions on Stratospheric Ozone and Global Climate », *Earth's Future*, Vol 10 n. 6 (2022).

Chapitre 9

R. L. Korotev, *The chemical composition of lunar soil*, Washington University, St. Louis.

H. Lin *et al.*, « In situ detection of water on the Moon by the Chang'E-5 lander », *Science Advances*, Vol 8, n. 1 (2022).

W. Fa & Y. Jin, « Global inventory of Helium-3 in lunar regoliths estimated by a multi-channel microwave radiometer on the Chang-E 1 lunar satellite », *Chinese Science Bulletin*, Vol. 55, pp. 4005–4009 (2010).

A. Jambon, « Bronze Age iron : Meteoritic or not ? A chemical strategy », *Journal of Archaeological Science*, Vol. 88, pp. 47-53 (2017).

Chapitre 10

A. Witze, « Mars contamination fear could divert Curiosity rover », *Nature*, 537, 145-146 (2016).

Y. Kawaguchi *et al.*, « DNA Damage and Survival Time Course of Deinococcal Cell Pellets During 3 Years of Exposure to Outer Space », *Frontiers in Microbiology*, Vol. 11 (2020).

P. Schmitt-Kopplin *et al.*, « Complex carbonaceous matter in Tissint martian meteorites give insights into the diversityof organic geochemistry on Mars », *Science Advances*, Vol. 9, n. 2 (2023).

M. A Velbel *et al.*, « Planning Implications Related to Sterilization-Sensitive Science Investigations Associated with Mars Sample Return (MSR) », *Astrobiology* (2022).

« Evaluation of Bioburden Requirements for Mars Mission, Consensus study report of the Committee on Planetary Protection », 2021.

Conclusion

Toutes les informations mentionnées dans cette section sont accessibles sur internet.

Remerciements

Je tiens à remercier tout particulièrement Laurent Bouaziz, Mathieu Varra, Lois Miraux et Rémi Parize pour leur relecture et leurs précieux conseils. Merci à Éric Doxat, pour les illustrations. Pleine reconnaissance à mon entourage, pour avoir compris ce que ce genre de projet demande comme sacrifice. J'en profite enfin pour adresser un mot d'affection à mes collègues d'hier et d'aujourd'hui, source quasi inépuisable d'inspiration. Vous m'avez mis sur une orbite d'où la vue est imprenable.

Table

CET OUVRAGE A ÉTÉ MIS EN PAGES
PAR NORD COMPO

REPRODUIT ET ACHEVÉ D'IMPRIMER EN SEPTEMBRE 2023
DANS LES ATELIERS DE NORMANDIE ROTO IMPRESSION S.A.S.
61250 LONRAI

N° d'imprimeur : 2303970
Dépôt légal : octobre 2023
Imprimé en France